普通高等教育"十四五"系列教材

电工学实验教程

U0180120

主编 ◎ 祝宏　吴宝华

电子课件

华中科技大学出版社
http://press.hust.edu.cn
中国·武汉

内 容 简 介

本书共分为 4 章。第一章是电工学实验概论。第二章是电工测量基本知识。第三章是电工学实验,包含 12 个实验项目。实验项目的编排由浅入深、由简单到复杂,既有基础性实验,也有综合性实验,将虚拟仿真技术融入实验项目中,供学生学习时参考。第四章是实验仪器仪表介绍。附录是虚拟仿真软件 Multisim 的安装和使用。

本书可作为普通高等院校信息类、计算机类、自动化类及机电类等专业的电工学实验课程的教材,也可供工程技术人员参考。

图书在版编目(CIP)数据

电工学实验教程/祝宏,吴宝华主编.—武汉:华中科技大学出版社,2023.6(2024.7 重印)
ISBN 978-7-5680-9497-9

Ⅰ.①电…　Ⅱ.①祝…　②吴…　Ⅲ.①电工实验—高等学校—教材　Ⅳ.①TM-33

中国国家版本馆 CIP 数据核字(2023)第 115525 号

电工学实验教程
Diangongxue Shiyan Jiaocheng

祝　宏　吴宝华　主编

策划编辑:康　序
责任编辑:白　慧
封面设计:孢　子
责任监印:朱　玢
出版发行:华中科技大学出版社(中国·武汉)　　　电话:(027)81321913
　　　　　武汉市东湖新技术开发区华工科技园　　　邮编:430223
录　　排:武汉正风天下文化发展有限公司
印　　刷:武汉市洪林印务有限公司
开　　本:787mm×1092mm　1/16
印　　张:9.5
字　　数:237 千字
版　　次:2024 年 7 月第 1 版第 2 次印刷
定　　价:35.00 元

前言

PREFACE

　　近年来,越来越多的地方普通本科高校向应用型本科高校转型,以培养具备扎实的专业能力和突出的实践应用能力的应用型人才。许多专家指出,应用型人才的培养,不仅直接关乎经济社会发展,更是关乎国家安全命脉的重大问题。"电工学实验"是高校的专业基础实践性课程,是培养相关专业技术人才的重要环节,对培养应用型人才有重要的助力。在此背景下,作者在多年授课讲义的基础上编写本书。

　　全书共分为四章。第一章为电工学实验概论,详细介绍了电工学实验课程的地位、学习目的、学习方法、成绩评定原则和相关问题说明。第二章为电工测量基本知识,系统介绍了电工测量的各个知识点。第三章为电工学实验,包含 12 个实验项目,实验内容涵盖直流电路实验、交流电路实验、三相电路实验、变压器和电动机实验。实验项目的编排由浅入深、由简单到复杂,既有基础性实验,也有综合性实验,任课教师可以根据不同专业的教学要求选择部分或者全部实验内容。在编写该部分时,作者着重考虑将虚拟仿真技术融入实验项目中,供学生学习时参考,做到"虚实结合"。第四章为实验仪器仪表介绍,主要介绍了数字式仪表、指针式仪表、函数信号发生器、示波器和直流稳压电源。本书的附录简单介绍了虚拟仿真软件 Multisim 的安装和使用方法,为初学者入门提供一定帮助。

　　本书的主要编写者有祝宏(第一章、第三章实验一至实验六),吴宝华(第二章、第三章实验七至实验十二、第四章和附录),祝宏和吴宝华共同负责全书统稿,祝宏负责全书最终定稿。谢永锋、刘怡、仇亚萍、张静和贺东芹也参与了编写工作。特别感谢翁良科、魏伟和张红老师的支持,他们或提供了相关素材,或提出了宝贵意见。

　　由于编者水平有限加之时间仓促,不妥之处在所难免,恳请广大读者批评指正。

目录

CONTENTS

第一章
电工学实验概论

任何自然科学理论都离不开实践。实践是检验真理的唯一标准,科学实验是科学技术得以发展的重要保证,是研究自然科学的手段。

电工学实验是"电工学"课程教学中不可或缺的组成部分。通过电工学实验教学,学生不仅可以夯实学过的电工学理论知识,还可以掌握新学的电工测量等知识,并接受基本实验技能的培养和训练。

技能是个体运用已有的知识经验,通过练习而形成的一定的动作方式或智力活动方式。技能的形成往往要以有关知识和亲身体验为基础,所以不能把实验仅仅看成简单的动手操作,实验必须在理论指导下进行。通过实验不仅可以巩固和加深对已学理论知识的理解,融会贯通,而且可以深入发展和延伸所学知识,进一步提高综合运用知识的能力。

1.1 电工学实验课程的地位

电工学实验课程是一门必修的专业基础实践课程,是学好后续专业课程的阶梯,是为实现人才培养方案服务的。

1. 培养什么样的人才,就应该设置与之相关的课程

"育人为本,质量第一",培养具有创新意识、创新精神和创业能力且综合素质高的应用型人才,离不开实践教学。电工学实验课程是集理论与实践技能于一体,非常强调独立动手能力培养的课程,其所学内容虽为基础知识,但不可缺少,这就是没有坚实的地基,建不了高楼的道理。电工学实验课程是应用型人才培养中不可小觑的环节,设置并学好本门课程是非常重要的事情,每一名上课的学生都必须予以高度重视。

2. 实践是创新的源泉,是检验真理的唯一标准

实践是实现创新的重要源泉,是内容最丰厚的教科书,也是实现知识向能力、聪明向智慧转化的"催化剂"。在科学史上,由实验发现客观规律,从而使科学获得重大进步的例子不胜枚举。作为未来的工程师和建设者,学生更应该清醒地认识到实践的重要性,通过实践课的学习,努力培养、锻炼和提高自己的智商、情商和逆商,摒弃重理论、轻实践的错误观点,通过课程实验培养自身实事求是、严格、严谨和严肃的科学态度,养成良好的学习习惯和工作作风。在电工学实验课程的学习中,不仅要完成某一项测试任务或验证某一个结论,更要解放思想、拓宽思路,考虑通过测试和验证结果,去设计和实现更复杂的实验项目。

3. 实施建设"实验教学示范中心"的举措,揭示了实验教学的不可代替性,其意义十分深远

"十一五"期间,国家投入大量资金推行建设国家级实验教学示范中心,发挥各级实验教学示范中心的示范辐射作用,强调完善培养实际动手能力的硬件设备和软件环境,强调优化实验教学体系,改革、创新实验教学方法和教学内容,增加设计性、综合性、创新性实验项目。这充分说明了实验教学的重要性及其在培养应用型人才方面不可替代的作用,学好电工学实验课程,必将成为相关专业学生成才路上的助力。

4. 就业形势要求我们更加注重实践动手能力的培养、锻炼和提高

近年来,毕业生就业矛盾比较突出,经常会听到或看到这样的现象:用人单位为降低岗位人才的培养成本,优先录用具有实践技能和实际经验的应聘人员。由于一些因素的影响,应届毕业生往往缺乏这方面的必备条件,再加上择业观的偏差,在就业过程中产生了困惑。因此,上课学生应该珍惜实验教学环节提供的锻炼和提高自身实践技能以及积累实际经验的机会。认真学好电工学实验课,可使你终身受益。

1.2 电工学实验课程的学习目的

电路是根据需要,将电源(信号源)、负载和控制单元等中间环节,通过导线连成的导电回路。运用电路通过电流后所产生的效应,可以实现某些功能,功能是否达到设定的要求,需要进行各种测试,需要使用相关仪器设备对技术指标(数据、波形等)进行测量和分析,也包含对用电设备、测试设备的故障检查、修复等,这些都离不开相关的测量理论和测量方法,以上就是电工学实验课程所涉及的教学内容。

1. 电工学理论课程的学习目的

电工学理论课程的学习目的是掌握电工学的理论基础以及电路基本分析方法等，使自身的思维能力得到锻炼和发展，分析和解决问题的能力得到培养和提高，进一步开发智力，发掘潜能，让自己变得更加聪明，更富于创造性。

2. 电工学实验课程的学习目的

电工学实验课程的学习过程，首先是运用学到的电工理论知识，根据要求设计和分析电路，计算相关参数后选择仪器设备和器件搭建电路。然后是测试该电路的实验数据，观察实验现象，分析产生的数据和波形，判明电路性质，排除电路故障，完成实验所有操作步骤。最后是绘制相关波形和图表，判断电路是否满足设计要求，得出正确结论。以上就是将理论知识转化为实际能力的过程。综上所述，就是要求学生亲临实验室、亲自动手、亲眼观测、亲身思考分析，从实战出发，培养自己理论联系实际的分析和处理问题的能力，在不断丰富自身实践经验的基础上，增强创新意识和提高实践技能。具体达到以下四个目的。

（1）加深理解，融会贯通。

巩固、加深并扩大对已学理论知识的理解和应用，尤其是对理论教学中学到的基本概念、基本理论、基本分析方法的进一步理解和掌握，达到融会贯通、应用自如。

（2）熟悉仪器仪表，触类旁通。

熟悉实验中常用的电子仪器、电工仪表的基本结构，工作原理，掌握正确的选择和使用方法，达到在今后的学习和工作中碰到类似的设备，通过阅读使用手册能正确使用，不影响学习和工作进度的目标。

（3）学会测试技能，提高实践本领。

掌握电工测量的基本知识和技能，了解电工学实验测试的一般流程和方法，提高实际测试能力。

实验测试方法要求掌握：

a. 电压、电流、功率的测量；

b. 信号波形的观察及参数的测量；

c. 电阻、电容、电感元件参数的测量；

d. 电压、电流特性的测量；

e. 部分定理和结论的验证。

实验操作技能要求做到：

a. 能合理布局和正确连接实验电路；

b. 能初步分析和排除故障；

c. 能正确观察实验现象；

d. 能读取、记录和处理相关数据。

撰写实验报告要求做到：

a. 写出合乎规格的实验报告；

b. 能正确绘制实验所需的图表；

c. 对实验结果能给出初步的分析、解释，并得出正确结论。

具备综合实验能力要求做到：

　　a. 能确定实验方案；

　　b. 能设计实验电路，选择相关参数；

　　c. 能通过实验数据，拟定和分析图表；

　　d. 能选择合适的实验仪器设备；

　　e. 能给出正确的实验结论。

　　（4）培养科学作风，发掘创新潜能。

　　学生在完整的实验过程中应动手更动脑，用眼更用心，谨慎细致，认真对待每个实验细节，仔细分析每个实验结果，确保实验数据的准确性和可靠性，必须求真务实，不能虚构、篡改实验数据或抄袭他人数据等。在完成必做的基础性实验项目后，争取再做些选做的综合性实验项目，如遇到困难应沉着应对，不能轻易放弃，要勇于挑战自身极限，把自身潜能激发出来。

1.3　电工学实验课程的教学方式

　　电工学实验课程的学习在实验室进行，以完成实验项目的具体内容为主要学习方式。

　　实验过程中学生是主体，动手又动脑，独立自主进行实验，教师起主导作用，启发、辅导和协助学生完成实验内容。要求学生做到：充分预习、规范操作、仔细观察、及时记录、积极思考、认真分析，力求实验结论正确和实验报告完整。

　　电工学实验课程一般分课前预习、课上操作和课后总结三个阶段，各阶段要求如下。

1. 课前预习

　　实验能否顺利进行和收到预期效果，很大程度上取决于学生预习准备得是否充分。因此，预习时应仔细阅读并思考教材上的实验原理和实验内容，以及理论课的相关知识，并完成预习报告，做到有备而来，努力做到以下四个明确：

　　（1）明确实验目的，了解通过本次实验应掌握哪些知识，实现什么目的。

　　（2）明确实验原理，知道本实验是运用哪些理论知识进行指导的，具体是什么。

　　（3）明确实验内容，对于本实验采用什么方法和步骤、如何接线、具体做哪些事、如何做、谁先做谁后做，要做到心中有数。

　　（4）明确使用哪些仪器设备，预先了解并掌握设备的名称、型号，基本工作原理，知道如何正确使用，会出现哪些现象，如何处理。

　　考核要点：上课时检查预习报告，对学生进行课堂提问，对于未完成预习报告且不能回答提问的学生，可以令其退出实验。

2. 课上操作

　　良好的精神状态和规范的操作程序，是使实验顺利进行的有效保证。要求学生准时、规范、有序、认真、有条不紊地进行实验，遵守以下规则：

　　（1）到指定的实验台做实验，操作前做好三件事。

　　a. 正确选择实验会用到的各类装置，特别是仪器仪表的规格和型号，实验模块的类型、元件的参数，同时了解它们的使用方法。

　　b. 做好记录准备工作。

　　c. 桌面的整洁工作。把暂时不用的实验模块以及书包、参考书等整齐放到实验台的固定位置。

（2）根据实验电路图，按"先串联，后并联"原则，正确连接实验线路，经自查无误后，请指导老师复查或同意后合上电源，开始实验观测。

（3）胆大心细、规范操作，观察现象、仔细读数，认真记录并整理数据，绘制波形。

（4）完成全部规定的实验项目，再次核对实验数据，经指导教师在平时成绩单上记录后（学生应对自己的原始数据负责，指导教师记录表示已查看原始数据，确认该学生完成了该项实验，并给出评价），方可进行下列收尾工作：

a. 先关闭使用的仪器仪表电源，拆线，最后关闭总电源。

b. 做好仪器设备、桌面和实验台环境的清洁整理工作。

c. 经指导教师同意后方可离开实验室。

考核要点：是否准时到达实验室，是否积极动手，认真操作；是否独立思考，协调配合，发挥团队精神；是否注重个人及周边环境卫生。

3. 课后总结

做完实验后，每位上课学生要在预习报告的基础上及时完成完整的实验报告。实验报告是实验工作的全面总结，也可以看成撰写工程技术报告的模拟训练，要用简明的形式将实验结果完整和真实地表达出来。报告要求文理通顺，简明扼要，字迹端正，图表清晰，结论正确，分析合理，讨论深入，做到格式和内容完美结合。实验报告也是综合成绩评定的重要依据之一，它体现了撰写人的学习态度、工作作风和写作素养。

实验报告用纸采用学校统一规定的格式。除填好个人信息以外，实验报告一般应包括如下几项：①实验目的；②实验原理；③实验任务；④实验电路；⑤数据表格；⑥实验结果分析处理（包括数据分析、正确结论、相关曲线、波形，收获体会及意见等。曲线、波形需用坐标纸绘制）；⑦思考题。课前预习报告应包含上述①～⑤项。

考核要点：按时上交实验报告，不交报告或报告不合格者不能上下一次实验课，该次实验课按缺课处理。

1.4　课程成绩评定原则

实验成绩的评定，重在对学习态度、独立实践操作技能、分析问题和解决问题能力的考核。实验成绩分平时成绩和测验成绩两部分，平时成绩占总成绩的70%，测验成绩占总成绩的30%。

实验课早退、迟到、缺课将扣除部分平时成绩，两次及以上无故缺课，平时成绩按0分处理，并不得参加课程测验。学习态度认真，实际操作能力强，团队精神好，实验报告达到标准要求，总成绩可适当加分。

1.5　相关问题说明

1. 人身安全和设备安全

要求切实遵守实验室的各项安全操作规程，以确保实验过程中的人身与设备安全。例如：不擅自接通电源，不触及带电部分，严格遵守"先断电再接线、拆线和改接线"的操作流程;发现异常现象(声响、发热、焦臭等)应立即切断电源,保持现场,报告指导教师,造成仪器设备损坏者,需如实填写事故报告单;注意仪器设备的规格、量程和操作方法,不了解性能和用法时不得随意使用该设备,违规造成事故要追责。

2. 线路连接

实验线路的正确连接必须注意以下几点:

(1)正确选择设备。在熟悉并掌握各设备正确使用方法的基础上,要特别注意设备容量等参数要适当,工作电压、电流不能超过额定值,仪表种类、量程要合适。

(2)正确连线。电路连线原则是:

a. 接线前先弄清电路图上的节点与实验电路中各元件接头的对应关系。

b. 根据电路结构特点,合理选择接线步骤,一般是从电源正端出发,"先串后并","先分后合"或"先主后辅",完成接线。

c. 养成良好习惯,走线要合理,导线长短粗细要合适,防止连线短路,导线的连接不宜过多地集中在一点上,应适当予以分散,导线的连接点要牢靠,防止导线脱落,接线松紧要适当。

(3)仔细调整。调整的内容包括电路参数要调整到实验所需值,分压器、调压器等可调设备的起始位置要放在最安全处,仪表指零要调好。

3. 操作、观察、读数和记录

(1)操作前要做到心中有数,目的明确。

(2)操作时要注意手合电源,眼观全局,先看现象,再读数据。

(3)读数前要弄清仪表量程,读数时要掌握正确的读数方法。

(4)记录时要求数据完整清晰,力求表格化,一目了然,要合理取舍有效数字(最后一位为估算数字)和注意数据单位。数据必须用签字笔记录在规定的原始记录纸上,要尊重原始记录,实验后不得随意涂改,交报告时,原始记录一并附上。

4. 图表、曲线和绘制

(1)报告中的所有图表、曲线均按工程图要求绘制。

(2)波形曲线一律画在坐标纸上,比例要适当,坐标轴上应标明矢量方向、物理量的符号和单位,标明比例和波形、曲线的名称。

(3)作曲线时要用曲线板绘制,力求曲线光滑。

5. 故障排查

实验中常常会遇到因断线、接错线、接触不良、元器件损坏等原因造成的故障,使电路工作不正常,严重时还会损坏设备,甚至危及人身安全。

为了防止接线错误而造成的故障,应严格遵守线路连接的原则。实验所用电源一般都是可调的,实验时电压调节应从零缓慢上升,同时注意仪表显示数字是否正常,有无声响、冒烟、焦臭味及设备发烫等异常现象,一旦发现上述异常现象,应立即切断电源,或把电源电压的调节旋钮退到零位,再切断电源,然后根据现象分析原因,查找并排除故障。

处理故障的一般步骤:

(1)当电路出现严重短路或其他可能损坏设备的故障时,应立即切断电源,查找故障。不属上述情况则可以用电压表带电检查,一般首先检查接线是否正确。

（2）根据出现的故障现象和电路的具体结构判断故障原因，确定可能发生故障的范围。

（3）逐步缩小检查范围，直到找出故障点为止。

检查电路故障时可以用以下几种方法：

（1）欧姆表法：当电路出现严重短路或其他可能损坏设备的故障时，应立即切断电源，然后用欧姆表检查支路是否连通，元件是否良好，最后找出故障点并排除故障。

（2）电压表法：若电路故障不属于上述情况，可带电（或降低电源电压）用电压表测量可能产生故障的各部分电压，根据电压的大小和有无判别电路是否正常。

（3）信号寻迹法：用示波器观测电路中的电压和电流波形幅值大小变化、波形形状、频率高低及各波形之间的关系，再分析、判断电路中的故障点。

实验室稳压电源和电流表常见故障的排查方法如下。

（1）稳压电源。

开启电源后，稳压电源上的数显表头有电压值显示，这并不说明电源完好，可用指针式直流电压表进行测量。若指针偏转，轻轻旋转电位器调节电压输出，此时，指针跟随变化，说明电压源是完好的。如果指针始终指向零，说明电压源无输出，可更换其面板上串接在输出端口中的保险丝管加以排除。如果仍无输出，则还有其他故障，请及时报告指导教师。

（2）电流表。

电流表包含数字直流电流表、数字交流电流表。为保护电流表不因过流而损坏，会在其输入端口中串有一个保险丝管，当电流表接入电路后没有指示值，则可能是保险丝管烧断，可在实验台面板上更换新保险丝管以排除故障。

第二章

电工测量基本知识

2.1　测量的概念

测量是以确定被测对象量值为目的的全部操作。

通常测量结果的量值由两部分组成:数值(大小及符号)和相应的单位名称。

2.2　测量的分类

测量可从不同的角度进行分类。

1. 按获得测量结果的方式分类

按获得测量结果的不同方式,测量可分为直接测量、间接测量和组合测量。

(1)直接测量——从测量仪器上直接得到测量结果的测量方法。此时,测量目的与测量对象是一致的。例如,用电压表测量电压,用电桥测量电阻值等。直接测量的特点是简便。

(2)间接测量——通过测量与被测量有函数关系的其他量,从而得到测量结果的测量方法,例如用伏安法测量电阻。当被测量不能直接测量,或测量程序很复杂,或采用间接测量比采用直接测量能获得更准确的结果时,可采用间接测量。间接测量时,测量目的和测量对象是不一致的。

(3)组合测量——在测量中,若被测量有多个,而且它们和可直接(或间接)测量的物理量有一定的函数关系,则可通过求解联立方程组来得到测量结果,这种测量方式称为组合测量。

例如,图 2-1 所示电路中测定线性有源一端口网络等效参数 R_{eq}、U_{oc}。

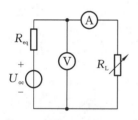

调 R_L 为 R_1 时得到 I_1,U_1

调 R_L 为 R_2 时得到 I_2,U_2

得 $\begin{cases} U_1 + R_{eq}I_1 = U_{oc} \\ U_2 + R_{eq}I_2 = U_{oc} \end{cases}$

解联立方程组可求得被测量 R_{eq}、U_{oc} 的数值。

图 2-1　求等效参数 R_{eq},U_{oc}

2. 按获得测量结果的数值的方法分类

按获得测量结果的数值的方法不同,测量可分为直读测量和比较测量。

(1)直读测量——直接根据仪表(仪器)的读数来确定测量结果的数值的方法,测量过程中,度量器不直接参与工作,例如用电流表测量电流,用功率表测量功率等。直读测量的特点是设备简单,操作简便,缺点是测量准确度不高。

(2)比较测量——测量过程中,将被测量与标准量(又称度量器)直接进行比较而获得测量结果的数值的方法,例如用电桥测电阻,测量中作为标准量的标准电阻参与比较。比较测量的特点是测量准确,灵敏度高,适用于精密测量;但测量操作过程比较麻烦,相应的测量仪器较贵。

综上所述,直读测量与直接测量,比较测量与间接测量,彼此并不相同,但又互有交叉。

实际测量中采用哪种方法,应根据对测量准确度的要求以及实验条件是否具备等多方面因素来确定。如测量电阻,当对测量准确度要求不高时,可以用万用表直接测量或用伏安法间接测量,它们都属于直读测量。当对测量准确度要求较高时,则用电桥法进行直接测量,它属于比较测量。

2.3 测量误差

◈ 2.3.1 测量误差的定义

不论用哪种测量方法,也不论怎样进行测量,测量的结果与被测量的实际数值之间总存在差别,我们把这种差别,也就是测量结果与被测量真值之差称为测量误差。

◈ 2.3.2 测量误差的分类

从不同角度出发,测量误差有多种分类方法。

1. 根据误差的表示方法分类

根据误差的表示方法,误差可分为绝对误差、相对误差、引用误差三类。

(1) 绝对误差——测量值与被测量实际值之差,用 Δx 表示,即

$$\Delta x = x - x_0 \tag{2-1}$$

式中: x——测量值;

x_0——实际值(真值)。

绝对误差是具有大小、正负和量纲的数值。

在实际测量中,除了绝对误差外,还经常用到修正值的概念,它与绝对误差绝对值相等,符号相反,即

$$c = x_0 - x \tag{2-2}$$

知道了测量值 x 和修正值 c,由式(2-2)就可求出被测量的实际值 x_0。

绝对误差的表示方法只能表示测量的近似程度,但不能确切地反映测量的准确程度。

为了便于比较测量的准确程度,提出了相对误差的概念。

(2) 相对误差——测量的绝对误差与被测量(约定)真值之比(用百分数表示),用 γ 表示,即

$$\gamma = \frac{\Delta x}{x_0} \times 100\% \tag{2-3}$$

式(2-3)中,分子为绝对误差,当分母所采用量值不同(真值 A_0、实际值 x_0、示值 x 等)时,相对误差又可分为相对真误差、实际相对误差和示值相对误差。

相对误差是一个比值,其数值与被测量的单位无关,能反映误差大小和方向,能确切地反映测量准确程度。因此,在测量过程中,欲衡量测量结果的误差或评价测量结果准确程度时,一般都会用到相对误差。

相对误差虽然可以较准确地反映测量结果的准确程度,但用来表示仪表的准确度时,不甚方便。因为同一仪表的绝对误差在刻度范围内变化不大,这就使得在仪表标度尺的各个不同部位的相对误差不是一个常数。如果采用仪表的量程 x_m 作为分母,就可解决上述

问题。

（3）引用误差——测量指示仪表的绝对误差与其量程之比（用百分数表示），用 γ_n 表示，即

$$\gamma_n = \frac{\Delta x}{x_m} \times 100\% \qquad (2\text{-}4)$$

实际测量中，由于仪表各指示值的绝对误差的大小不完全相等，符号有正有负，若取仪表标度尺工作部分所出现的最大绝对误差作为式（2-4）中的分子，则得到最大引用误差，用 γ_{nm} 表示。

$$\gamma_{nm} = \frac{\Delta x_m}{x_m} \times 100\% \qquad (2\text{-}5)$$

最大引用误差常用来表示电测量指示仪表的准确度等级，它们之间的关系是

$$\gamma_{nm} = \frac{\Delta x_m}{x_m} \times 100\% \leqslant \alpha\% \qquad (2\text{-}6)$$

式中，α 为仪表准确度等级指数。

根据 GBT 7676.2—2017《直接作用模拟指示电测量仪表及其附件 第 2 部分：电流表和电压表的特殊要求》的规定，电流表和电压表的准确度等级 α 如表 2-1 所示。仪表的基本误差在标度尺工作部分的所有分度线上不应超过表 2-1 中的规定。

表 2-1　电流表和电压表的准确度等级

准确度等级 α/级	0.05	0.1	0.2	0.3	0.5	1.0	1.5	2.0	2.5	5.0
基本误差/(%)	±0.05	±0.1	±0.2	±0.3	±0.5	±1.0	±1.5	±2.0	±2.5	±5.0

由表可见，准确度等级的数值越小，允许的基本误差越小，表示仪表的准确度越高。

式（2-6）说明，在应用指示仪表进行测量时，产生的最大绝对误差为

$$\Delta x_m = \pm \alpha\% \cdot x_m \qquad (2\text{-}7)$$

当仪表测量示值为 x 时，可能产生的最大示值相对误差为

$$\gamma_m = \frac{\Delta x_m}{x} \times 100\% = \pm \alpha\% \cdot \frac{x_m}{x} \times 100\% \qquad (2\text{-}8)$$

因此，根据仪表准确度等级和测量示值，可计算直接测量中的最大示值相对误差。被测量量值愈接近仪表的量程，测量误差愈小。因此，测量时应使被测量量值尽可能在仪表量程的 2/3 以上。

例 2-1　用一个量程为 30 mA、准确度等级为 0.5 级的直流电流表测得某电路中电流为 25.0 mA，求测量结果的最大示值相对误差。

解：根据式（2-8）可得测量结果可能出现的最大示值相对误差为

$$\gamma_m = \frac{\Delta x_m}{x} \times 100\% = \pm \alpha\% \cdot \frac{x_m}{x} \times 100\% = \pm \frac{0.15}{25.0} \times 100\% = \pm 0.6\%$$

2. 根据误差的性质分类

根据误差的性质，误差可分为系统误差、随机误差和粗大误差三类。

1）系统误差

系统误差是指在同一条件下，多次测量同一被测量时，误差的大小和符号均保持不变，

或者当条件改变时,按某一确定的已知规律(确定函数)变化的误差。系统误差包括已定系统误差和未定系统误差。已定系统误差是指符号和绝对值已经确定的系统误差。例如,用电流表测量某电流,其示值为 5 A,若该示值的修正值为+0.01 A,而在测量过程中由于某种原因对测量结果未加修正,就会产生−0.01 A 的已定系统误差。

未定系统误差是指符号或绝对值未经确定的系统误差。例如,用一只已知准确度为 α 及量程为 U_m 的电压表去测量某一电压 U_x,则可按式(2-6)估计测量结果的最大相对误差 γ_{nm}。因为这时只估计了误差的上限和下限,并不知道测量电压误差的确切大小及符号,所以这种误差称为未定系统误差。

系统误差产生的原因有测量仪器、仪表不准确,环境因素的影响,测量方法或理论依据不完善及测量人员的不良习惯或感官不完善等。

系统误差的特点是:

(1)系统误差是一个非随机变量,是固定不变的,或是一个确定的时间函数。也就是说,系统误差的出现不服从统计规律,而服从确定的函数规律。

(2)重复测量时,系统误差具有重现性。对于固定不变的系统误差,重复测量时误差也是重复出现的。当系统函数为时间函数时,它的重现性体现在当实际测量条件相同时,误差可以重现。

(3)可修正性。系统误差的重现性决定了它是可以修正的。

2)随机误差

随机误差是指在对同一量的多次测量中,以不可预知的方式变化的测量误差的分量。随机误差就个体而言是不确定的,但其总体服从统计规律。随机误差一般服从正态分布规律,如图 2-2 所示。

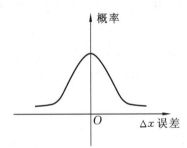

图 2-2　随机误差服从正态分布规律

随机误差的特点如下。

(1)有界性:在一定的测量条件下,误差的绝对值不会超过一定的界限。

(2)单峰性:绝对值小的误差出现的概率大,而绝对值大的误差出现的概率小。

(3)对称性:绝对值相等的误差出现的概率一致。

(4)抵偿性:随着测量次数的增加,随机误差的算术平均值趋向于零。

特性(4)可由特性(3)推导出来。因为绝对值相等的正、负误差可以互相抵消,对于有限次测量,随机误差的算术平均值是一个很小的量,而当测量次数 n 无限增大时,随机误差趋近于零。在精密测量中,一般采用取多次测量值的算术平均值的方法消除随机误差。

3)粗大误差

粗大误差是指明显超出了规定条件下的预期的误差。

这种误差是由实验者错误读取数据,或使用了有缺陷的计量器具,或计量器具使用不正确,或环境的干扰等引起的。含有粗大误差的测量值称为坏值,应该剔除。

2.4 测量结果的评定

前面讲述的误差是描述测量结果偏离真值的程度,我们也可以从另一个角度出发,用正确度、精密度和准确度这三个"度"来描述测量结果与真值的一致程度。从本质上讲三者是一致的。在使用中常见到因为对这几个"度"的含义的混淆,而影响了对测量结果的正确评述。

1. 正确度

正确度表示由系统误差引起的测量值与真值的偏离程度,偏离程度越小,正确度越高,系统误差越小,测量结果越正确。因此,正确度反映了系统误差对测量结果影响的程度。

当系统误差远大于随机误差时,相对地说,随机误差可以忽略不计,则有

$$\Delta x = \varepsilon = x - x_0$$

式中:ε——系统误差;

x——测量值;

x_0——真值。

这时可按系统误差来处理测量误差,并估计测量结果的正确度。

2. 精密度

精密度指测量值重复一致的程度,即测量过程中,在相同条件下用同一方法对某一量进行重复测量时,所测得的数值之间接近的程度。数值愈接近,精密度愈高。换句话说,精密度用以表示测量的重现性,反映随机误差对测量结果的影响。

同样,当系统误差小到可以忽略不计或已消除时,可得

$$\Delta x = \delta = x - x_0$$

式中:δ——随机误差;

x——测量值;

x_0——真值。

这时可按随机误差来处理测量误差,并估计测量结果的精密度。

3. 准确度

准确度表示由系统误差和随机误差共同引起的测量值与真值的偏离程度,偏离程度越小,准确度越高,综合误差越小,测量结果越准确。所以,准确度同时反映了系统误差和随机误差对测量结果影响的程度。

当系统误差和随机误差差别不大,而不能忽略其中任何一个时,可对系统误差与随机误差分别进行处理,再考虑其综合影响,并估计测量结果的准确度。

正确度和精密度是互相独立的,对于一次具体的测量,正确度高,精密度不一定高;反之,精密度高,正确度也不一定高。但正确度和精密度都高也是有可能的。

只有正确度高或精密度高,就不能说准确度高。只有正确度和精密度都高,才能说准确度高。以打靶图为例来说明上述关系(图 2-3)。

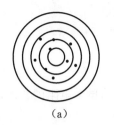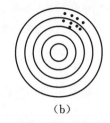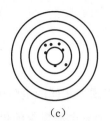

（a）　　　　　　　（b）　　　　　　　（c）

图 2-3　打靶图

图 2-3(a)表明系统误差小,随机误差大,即正确度高,精密度低;图 2-3(b)说明系统误差大,而随机误差小,即正确度低而精密度高;图 2-3(c)则表明系统误差和随机误差都小,即正确度和精密度都高,也就是准确度高,而在靶心外的散弹点可视为粗大误差,应予以剔除。

2.5　间接测量中的误差估算

间接测量是由多次直接测量组成的,被测量的最大相对误差可按以下几种形式进行计算。

1. 被测量为几个测量量的和(或差)

$$y = x_1 + x_2 + x_3 \tag{2-9}$$

取微分,得

$$\mathrm{d}y = \mathrm{d}x_1 + \mathrm{d}x_2 + \mathrm{d}x_3$$

近似地,以改变量代替微分量,即

$$\Delta y = \Delta x_1 + \Delta x_2 + \Delta x_3 \tag{2-10}$$

若将改变量看成绝对误差,则相对误差为

$$\gamma_y = \frac{\Delta y}{y} \times 100\% = \frac{\Delta x_1 + \Delta x_2 + \Delta x_3}{y} \times 100\% \tag{2-11}$$

或写成

$$\gamma_y = \frac{x_1}{y}\gamma_1 + \frac{x_2}{y}\gamma_2 + \frac{x_3}{y}\gamma_3$$

式中, $\gamma_1 = \frac{\Delta x_1}{x_1} \times 100\%$, $\gamma_2 = \frac{\Delta x_2}{x_2} \times 100\%$, $\gamma_3 = \frac{\Delta x_3}{x_3} \times 100\%$,分别为直接测量 x_1, x_2, x_3 的相对误差。

被测量的最大相对误差为

$$\gamma_{y\max} = \pm \frac{|\Delta x_1| + |\Delta x_2| + |\Delta x_3|}{y} \times 100\% \tag{2-12}$$

或

$$\gamma_{y\max} = \pm \left[\left|\frac{x_1}{y}\gamma_1\right| + \left|\frac{x_2}{y}\gamma_2\right| + \left|\frac{x_3}{y}\gamma_3\right| \right] \times 100\% \tag{2-13}$$

例 2-2　两个电阻串联, $R_1 = 1000\ \Omega$, $R_2 = 3000\ \Omega$,其相对误差均为 1% ,求串联后总的相对误差。

解:串联后总的电阻　　　　　　　　　 $R = 4000\ \Omega$

绝对误差
$$\Delta R_1 = 1000\ \Omega \times 1\% = 10\ \Omega$$
$$\Delta R_2 = 3000\ \Omega \times 1\% = 30\ \Omega$$

相对误差
$$\gamma_R = \left(\left| \frac{\Delta R_1}{R} \right| + \left| \frac{\Delta R_2}{R} \right| \right) \times 100\% = 1\%$$

可知,相对误差相同的电阻串联后,总电阻的相对误差与单个电阻的相对误差相同。

2. 被测量为多个测量量的积(或商)

$$y = x_1^m \cdot x_2^n \tag{2-14}$$

式中,m、n 分别是 x_1、x_2 的指数。

对上式两边取对数,得

$$\ln y = m \ln x_1 + n \ln x_2 \tag{2-15}$$

再微分,得

$$\frac{\mathrm{d}y}{y} = m\frac{\mathrm{d}x_1}{x_1} + n\frac{\mathrm{d}x_2}{x_2} \tag{2-16}$$

于是得被测量的相对误差为

$$\gamma_y = \left(\frac{\mathrm{d}y}{y} \right) \times 100\%$$
$$= m\left(\frac{\mathrm{d}x_1}{x_1} \right) \times 100\% + n\left(\frac{\mathrm{d}x_2}{x_2} \right) \times 100\%$$
$$= m\gamma_1 + n\gamma_2$$

则被测量的最大相对误差为

$$\gamma_{y\max} = \pm\left[|m\gamma_1| + |n\gamma_2| \right] \tag{2-17}$$

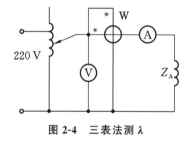

图 2-4　三表法测 λ

由式(2-17)可见,当各直接测量量的相对误差大致相等时,指数较大的量对测量结果误差的影响较大。

例 2-3　如图 2-4 所示,正弦交流电路中,用三表法(电流表、电压表、功率表)测量元件 A(或网络)的功率因数 λ 的值。若电流表的量程为 2 A,示值为 1.00 A;电压表量程为 150 V,示值为 102.0 V;功率表量程为 60 W,示值为 42.7 W,其准确度等级均为 0.5 级,试计算由功率因数 λ 和仪表基本误差引起的最大相对误差。

解:用间接测量法计算功率因数,公式为

$$\lambda = \cos\varphi = \frac{P}{UI}$$

测量结果的最大相对误差按式(2-17)可推导出,即

$$\gamma_{\cos\varphi} = \pm(|\gamma_I| + |\gamma_U| + |\gamma_P|)$$

由测量仪表示值可计算上式中各量为

$$\gamma_U = \pm\frac{\alpha\% \times U_m}{U_x} = \pm\frac{0.5\% \times 150}{102.0} = \pm 0.74\%$$

$$\gamma_I = \pm\frac{0.5\% \times 2}{1.00} = \pm 1\%$$

$$\gamma_P = \pm\frac{0.5\% \times 60}{42.7} = \pm 0.70\%$$

得出正弦电路中功率因数为

$$\lambda = \cos\varphi = \frac{P}{UI} = \frac{42.7}{102.0 \times 1.00} = 0.419$$

则测量结果的最大相对误差为

$$\gamma_{\cos\varphi} = \pm(1\% + 0.74\% + 0.70\%) = \pm 2.44\%$$

2.6 消除系统误差的基本方法

如果发现测量结果中存在系统误差,就应对测量过程进行深入的分析和研究,以便找出产生系统误差的根源,并设法将它们消除,这样才能获得准确的测量结果。与随机误差不同,系统误差是不能用概率论和数理统计等数学方法加以削弱和消除的。目前,对系统误差的消除尚无通用的方法可循,这就需要针对具体问题采取不同的处理措施和方法。一般来说,对系统误差的消除在很大程度上取决于测量人员的经验、学识和技巧。下面介绍人们在测量实践中总结出来的消除系统误差的一般原则和基本方法。

1. 从误差来源消除系统误差

这是消除系统误差的根本方法,它要求测量人员对测量过程中可能产生系统误差的各种因素进行仔细分析,并在测量之前将误差从根源上加以消除。例如,要消除仪器仪表的调整误差,在实验前就要仔细地调整好测量用的一切仪器仪表;为了防止外磁场对仪器仪表产生干扰,应对所有实验设备进行合理的布局和接线等。

2. 用修正方法消除系统误差

这种方法是预先将由测量设备、测量方法、测量环境(如温度、湿度、外界磁场等)和测量人员等因素所产生的系统误差,通过检定、理论计算及实验方法确定下来,并取其相反值做出修正表格、修正曲线或修正公式。在测量时,可根据这些表格、曲线或公式,在测量结果中引入修正值,这样就能将由以上原因所产生的系统误差减小到可以忽略的程度。

实际上,在我们的实验过程中,通常要用到仪表(电流表、电压表、功率表等)进行测量,这样便引入了仪表误差,该误差是不可避免的,但可以修正为系统误差。

$$\Delta x = x - x_0$$
$$c = -\Delta x$$

式中:c——修正值。

例 2-4 测量电阻 R_X 的实验电路如图 2-5 所示。

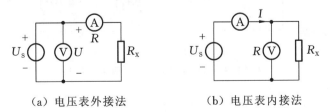

(a) 电压表外接法   (b) 电压表内接法

图 2-5 测量电阻的实验电路

(1) 图 2-5(a)中电压表两端的电压为

$$U = U_A + U_X$$

$$R = \frac{U}{I} = R_A + R_X$$

$$\Delta R = R_A$$

修正值 $c = -\Delta R$

可见,电压表外接法适用于负载较大的情况,即 $R_X \gg R_A$,此时 R_A 可忽略不计。

(2) 图 2-5(b)中电流表流过的电流为

$$I = I_V + I_X = U\left(\frac{1}{R_V} + \frac{1}{R_X}\right)$$

$$R = \frac{U}{I} = \frac{1}{\left(\frac{1}{R_V} + \frac{1}{R_X}\right)}$$

所以 ΔR 是由 R_V 引起的。

可见,电压表内接法适用于负载较小的情况,即 $R_X \ll R_V$,此时 R_V 分流作用小。

3. 应用测量技术消除系统误差

在实际测量中,还可以采用一些有效的测量方法,来消除和削弱系统误差对测量结果的影响。

1) 替代法

替代法本质上是一种比较法,它是在测量条件不变的情况下,用一个数值已知的且可调的标准量来代替被测量。在比较过程中,若仪表的状态和示值都保持不变,则仪表本身的误差和其他原因所引起的系统误差对测量结果基本上没有影响,从而消除了测量结果中仪表所引起的系统误差。

如图 2-6 所示,用替代法测量电阻 R_X。在测量时先把被测电阻 R_X 接入测量线路(开关 S 接到 1),调节可调电阻 R_0,使电流表 A 的读数为某一适当数值,然后将开关 S 转接到位置 2,这时标准电阻 R_n 代替 R_X 被接入测量电路,调节 R_n,使电流表数值保持原来读数不变。如果 R_0 的数值及所有其他外界条件都不变,则 $R_n = R_X$。显然,测量结果的准确度取决于标准电阻 R_n 的准确度及电流的稳定性。

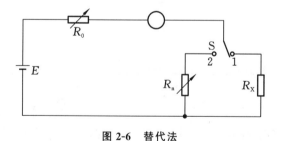

图 2-6 替代法

R_n:标准电阻;R_X:被测电阻;R_0:可调电阻;E:电源

根据标准量和被测量同时接入电路或不同时接入电路,比较法又可分为同时比较法和异时比较法两大类。

图 2-6 所示电路是一种异时比较法电路,常用来测量中值电阻。

2）零示法

零示法是一种广泛应用的测量方法，主要用来消除由仪表内阻对电路的影响而造成的系统误差。

在测量中，使被测量对仪表的作用与已知的标准量对仪表的作用相互平衡，使仪表的指示为零，这时的被测量就等于已知的标准量。

例如，图 2-7 是用零示法测量实际电压源开路电压 U_{oc} 的实用电路。

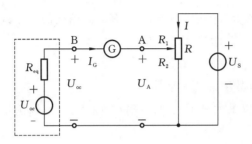

图 2-7　零示法

U_S：直流电源；R：标准电阻；G：检流计

测量时，调节电阻 R 的分压比，使检流计 G 的读数为 0，则 $U_A = U_B = U_{oc}$，即

$$U_{oc} = U_A = U_S \cdot \frac{R_2}{R_1 + R_2}$$

在测量过程中，只需要判断检流计中有无电流，而不需要读数，因此只要求它具有足够的灵敏度。同时，只要直流电源 U_S 及标准电阻 R 稳定且准确，测量结果就会准确。

3）正负误差补偿法

在测量过程中，当发现系统误差为恒定误差时，可以对被测量在不同的测量条件下进行两次测量，使其中一次测量数据的误差为正，而另一次测量数据的误差为负，取这两次测量数据的平均值作为测量结果，就可以消除这种恒定的系统误差。

例如，用安培表测量电流时，考虑到外磁场对仪表读数的影响，可以将安培表转动 180°再测量一次，取这两次测量数据的平均值作为测量结果。如果外磁场是恒定不变的，则两次测量数据的误差相互抵消，从而消除了外磁场对测量结果的影响。

此外，消除和削弱系统误差的方法还有组合法、微差替代法等。

2.7　数字式仪表

数字式仪表的工作原理是将被测量（模拟量）转换成数字量之后，用计数器和显示器显示测量结果。这个转换过程称为模/数（A/D）转换，实现 A/D 转换的电路有逐次逼近式、斜坡式、积分式等多种类型。根据不同的工作原理，数字式仪表可分为多种类型，常用的有逐次比较型、斜坡型、电压-频率转换型、双斜积分型和脉冲调宽型等五种。下面仅从使用的角度对数字式仪表做简单介绍。

◆ 2.7.1　概述

数字式仪表面板上的显示窗口可以直接显示被测量的正负读数和单位，面板上的量程选择开关可用以选择测量类型及测量量程。有的数字仪表具有自动转换量程功能。

2.7.2 主要技术特性

数字式仪表的主要技术特性包括显示位数、测量范围、误差、分辨力、输入阻抗、采样方式和采样时间等。

1. 数字式仪表的显示位数

数字式仪表数码管的个数一般为 4～5 个,有的高精度的数字式仪表可做到 6 个。最高位显示数以“4”或“1”较多,其他位可显示 0～9 中的所有数字。

判定数字式仪表的位数有两条原则:

① 能显示 0～9 所有数字的位为整数位;

② 分数位的数值是以最大显示值中最高位数字为分子,以满量程计数值的最高位数字为分母。

例如:某数字式仪表的最大显示值为 ±19999,满量程计数值为 20000,这表明该仪表有 4 个整数位,而分数位的分子为 1,分母为 2,故称为 $4\frac{1}{2}$ 位,读作四位半,其最高位只能显示 0 或 1。

$3\frac{2}{3}$ 位(读作三又三分之二位)仪表的最高位只能显示 0～2 的数字,故最大显示值为 ±2999。

2. 数字式仪表的准确度

数字式仪表的准确度是测量结果中系统误差和随机误差的综合。它表示测量结果与真值的一致程度,也反映测量误差的大小。一般来说,准确度愈高,测量误差愈小,反之亦然。

准确度通常用数字式仪表在正常使用条件下的绝对误差表示,常见的计算绝对误差的公式有下面两种:

$$\Delta U = \pm(a\%U_x + b\%U_m) \tag{2-18}$$

$$\Delta U = \pm(a\%U_x + n \text{ 个字}) \tag{2-19}$$

式中:ΔU——绝对误差;

U_x——测量指示值;

U_m——测量所用量程的满度值;

a——误差的相对项系数;

b——误差的固定项系数;

n——最后一个单位值的 n 倍。

式(2-18)和式(2-19)都是把绝对误差分为两部分,前一部分($\pm a\%U_x$)为可变部分,称为“读数误差”,后一部分($\pm b\%U_m$ 及 $\pm n$ 个字)为固定部分,不随读数而变,为仪表所固有,称为“满度误差”。显然,固定部分与被测量 U_x 的大小无关。对于式(2-18),仪表测量某一电压 U_x 时的相对误差为:

$$\gamma_x = \frac{\Delta U}{U_x} = \pm a\% \pm b\%\frac{U_m}{U_x} \tag{2-20}$$

从式(2-20)可见,当 $U_x = U_m$ 时,γ 最小,但随着 U_x 减小而增大。当 $U_x < 0.1U_m$ 时,γ 值最大,即

$$\gamma_{max} = \pm a\% \pm 10 \cdot b\%$$

也就是说,被测量与所选择的量程越接近,误差越小。因此,为了减小测量误差,应注意选择量程。

式(2-18)和式(2-19)是完全等效的,两者可以相互转换。

例 2-5 已知某一数字电压表的 $a = 0.5$,欲用 2 V 挡测量 1.999 V 的电压,其 ΔU 和 $b\%$ 参数各为多少?

解:电压最小变化量 $n = 0.001$,则

$\Delta U = \pm(0.5\% \times 1.999 + 0.001)V = \pm 0.01099\ V \approx \pm 0.011\ V$

因为 $b\% U_m = n$

所以 $b\% = \dfrac{n}{U_m} = \dfrac{0.001}{2} = 0.0005$,即 0.05%。

3. 数字式仪表的分辨力

分辨力是指数字式仪表在最低量程上末位 1 个字所对应的物理量数值,它反映出仪表灵敏度的高低。

数字式仪表的分辨力指标亦可用分辨率来表示。分辨率是指数字式仪表所能显示的最小数字(零除外)与最大数字之比,通常用百分数表示。

例如:$3\dfrac{1}{2}$ 位万用表的分辨率为 $\dfrac{1}{1999} \approx 0.05\%$。

分辨力与准确度之间的关系:

分辨力与准确度是两个不同的概念。前者表征仪表的"灵敏性",即对微小电压的"识别"能力;后者反映测量的"准确性",即测量结果与真值的一致程度。二者无必然的联系,因此不能混为一谈,更不能将分辨力(或分辨率)误以为类似于准确度的一种指标。

实际上,分辨力仅与仪表的显示位数有关,准确度则取决于 A/D 转换器、功能转换器的综合误差以及量化误差。从测量角度看,分辨力是"虚"指标(与测量误差无关),准确度才是"实"指标(它决定测量误差的大小)。因此,任意增加显示位数来提高仪表分辨力的方案是不可取的,这样获得的高分辨力指标将失去意义。换言之,从设计数字电压表的角度看,分辨力应受到准确度的制约,并与之相适应。

4. 其他指标

(1)测量范围是指数字式仪表所使用的量程范围。

(2)输入阻抗是指两测量端钮间的入端电阻,一般不小于 10 MΩ。对于多量程仪表,各量程上的输入电阻因衰减器的分压比不同而异。

(3)采样方式随数字式仪表型号的不同而不同,一般有自动、手动和遥测等采样方式。

(4)采样时间是指每次采样所需时间。

除上述主要技术特性外,在数字式仪表的技术说明书中还常给出使用温度、湿度及抗干扰能力等指标。数字式仪表一般都有一定的工作频率范围,使用时应注意查阅说明书。

2.8   **实验数据处理**

◆ 2.8.1 有效数字

1. 有效数字的定义

一个数据,从左边第一个非零数字起至末位数字至的所有数位均为有效数字位。有效数字就是一个由可靠数字和最末位欠准数字两部分组成的数字。

测量所得到的数据都是近似数。近似数由两部分组成:一部分是可靠数字,另一部分是欠准数字。通常测量时,只应保留一位欠准数字(对于指针式仪表,一般估读到最小刻度的十分位;而数字式仪表如何估读则与所选的量程有关),其余数字均为可靠数字。例如,某仪表的读数为106.5,其中106是可靠数字,而末位数5是估读的欠准数字。106.5的有效数字位数是四位。

2. 有效数字的正确表示

(1)有效数字的位数与小数点无关,单位换算时有效数字的位数不发生改变,例如5100 Ω和5.100 kΩ都是四位有效数字。

(2)在数字之间或在数字之后的"0"是有效数字,而在数字之前的则不是有效数字。

(3)若近似数的右边带有若干个"0",通常把这个近似数写成 $a \times 10^n$ 的形式,$1 \leqslant a < 10$。利用这种写法,可从 a 含有几个有效数字来确定近似数的有效位数,如 5.2×10^3 和 7.10×10^3 分别为二位和三位有效数字,4.800×10^3 为四位有效数字。

在计算式中,对常数 π、e、$\sqrt{2}$ 等的有效数字,可认为无限制,在计算中根据需要取位。

3. 数值修约规则

若近似数的位数很多,则确定有效位数后,其多余的数字按下面的规则进行修约。

以保留数字的末位为单位,末位后面的数字大于0.5者,末位进一;小于0.5者,末位不变;恰为0.5者,则使末位数凑成偶数,即末位为奇数时,末位进一,末位为偶数时,末位不变。

还要注意,拟舍弃的数字若为两位以上的数字,不能连续地多次修约,而只能按上述规则一次修约出结果。

例如,按上述修约规则,将下面各个数据修约成三位有效数字。

拟修约值	修约值
32.6491	32.6(5 以下舍)
472.601	473(5 以上入)
4.21500	4.22(5 前奇数进一)
4.22500	4.22(5 前偶数舍去)

4. 有效数字的运算规则

1)加减运算

各运算数据的小数位数以其中小数点后位数最少的数据为准,其余各数据修约后均比它多保留一位数,最后运算结果的小数位应与小数点后位数最少的数据相同。

例如,13.6+0.0812+1.432＝13.6+0.08+1.43＝15.1

2）乘除运算

各运算数据的位数以各数中有效位数最少的为准,其余各数或乘积(或商)均修约到比它多一位,而与小数点位置无关。最后运算结果的位数应与有效位数最少的数据相同。

例如,0.0212×46.52×2.07581＝0.0212×46.52×2.076＝2.05

2.8.2 模拟仪表(指针式仪表)的数据处理

要正确记录测量数据,首先必须了解直接读数(简称读数)、示值和测量结果的概念。

1. 读数

读数是指直接读取仪表指针所指示的标尺值(单元格)。

（1）读仪表的格数。

图 2-8 为均匀标度尺有效数字读数示意图,图中指针指示的不同位置的读数分别为 0.2 格、6.9 格、81.8 格、104.0 格。

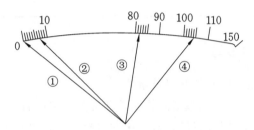

图 2-8 均匀标度尺有效数字读数示意图

（2）注意有效数字的位数(只含一位欠准数字)。

具体的读数原则与规律如表 2-2 所示。

表 2-2 读数原则与规律

序号	单元格	读数	有效数位数
1	0~1 格	0.1~0.9	1 位有效数
2	1~10 格	1.0~9.9	2 位有效数
3	10~100 格	10.0~99.9	3 位有效数
4	100~150 格	100.0~150.0	4 位有效数

2. 计算仪表的分格常数

仪表的分格常数是指电测量指示仪表的标度尺每分格(或数字式仪表的每个字)所代表的被测量的大小,用符号"c_a"表示,即

$$c_a = \frac{x_m}{a_m} \quad [\text{V(mA,W)/div}]$$

式中：c_a——分格常数[V(mA,W)/div]；

X_m——仪表量程[V(mA,W)]；

a_m——仪表满偏格数(div)。

3. 示值

示值是指仪表的分格常数乘以读数后所得的数值。即

$$示值 = 仪表分格常数\ c_a × 读数\ a$$

注意:示值有效数字的位数和读数的有效数字的位数相同。

◆ 2.8.3 数字仪表的数据处理

前面已经介绍过,U_X 越接近 U_m,误差越小,此外,量程选择不当将会丢失有效数字,所以我们应该谨慎选择量程。

例如,用不同量程的数字电压表测量相同的电压时,其显示值和有效数字位数如表 2-3 所示。

表 2-3 不同量程对应的显示值和有效数字位数

量程	2 V	20 V	200 V
显示值	1.999	01.99	001.9
有效数字位数	4	3	2

◆ 2.8.4 测量结果的填写

测量结果是指由测量所得到的被测量量值。

在测量结果的完整表述中,应包括测量误差和有关影响量的值。

电路实验中,对于测量结果的最后表示,通常用测量值和相应的误差共同来表示。

工程测量中误差的有效数字一般只取一位,并采用进位法(即舍弃的数字为 1~9 都应进一位)。

例 2-6 某电压表的准确度等级 $\alpha = 0.5$ 级,其满偏格数为 150 格,选 3 V 量程,若读得格数分别为 18.9 格和 132.0 格,那么各测量值是多少伏?

解:① 基本读数(格数)为 18.9 格、132.0 格。

② 计算分格常数:

$$C_a = \frac{3\ \text{V}}{150\ \text{DIV}} = 0.02\ \text{V/DIV}$$

③ 示值 $U_1 = 18.9 × C_a = 0.378\ \text{V}$,$U_2 = 132.0 × C_a = 2.640\ \text{V}$。

注:示值有效数字的位数和读数的有效数字的位数相同。

④ 仪表的最大绝对误差。

若取

$$\Delta U_m = ±\alpha\% × U_m = ±0.5\% × 3\ \text{V} = ±0.015\ \text{V}$$

则

$$\Delta U_m = ±0.02\ \text{V}$$
$$U_{1测} = 0.38\ \text{V}$$
$$U_{2测} = 2.64\ \text{V}$$

可见,测量值的有效数字取决于测量结果的误差,即测量值的有效数字的末位数与测量误差末位数为同一个数位。

◆ 2.8.5 测量结果的表示

1. 列表表示法

列表表示法是将一组实验数据中的自变量、因变量的各个数值按一定的形式和顺序一一对应列成表格。

列表表示法的优点是简单易行,形式紧凑,数据便于比较,同一表格内可以同时表示几个变量的关系。

一个完整的表格应包括序号、名称、项目、说明及数据来源。列表时应注意以下几点:

(1) 表的名称、数据来源应做说明,使人一看便知其内容。

(2) 表格中的项目应有名称、单位,表内主项习惯上代表自变量,副项代表因变量。自变量一般选择实验中能够直接测量的物理量,如电压、电流等。

(3) 数值的书写应整齐统一,并用有效数字的形式表示,同一竖行上的数值的小数点上下对齐。

(4) 自变量间距的选择应注意测量中因变量的变化趋势,且自变量的取值应便于计算、便于观察、便于分析,并按递增或递减的顺序排列。

2. 图形表示法

图形表示法可以更加形象和直观地表示函数变化规律,能够简明、清晰地反映几个物理量之间的关系。

图形表示法的应用分两个步骤:第一步是把测量数据点标在适当的坐标系中,第二步是根据数据点画出曲线。作图时应注意以下要求。

(1) 合理地选取坐标。根据自变量的变化范围及其所表示的函数关系,可以选用直角坐标、单对数坐标、双对数坐标等,最常用的是直角坐标。

横坐标代表自变量,纵坐标代表因变量,坐标末端标明数据所代表的物理量及单位。

(2) 坐标分度原则。

① 在直角坐标中,线性分度应用最为普遍。分度的原则是,使图上坐标分度对应的示值的有效数字位数能反映实验数据的有效数字位数。

② 纵坐标与横坐标的分度值不一定一致,应根据具体情况确定。纵坐标与横坐标的比例也很重要,二者分度可以不相同,应根据具体情况进行选择。比如图 2-9(a)的坐标比例较好,而图 2-9(b)分度值选择不当,图形变化不明显。

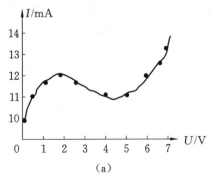
(a)

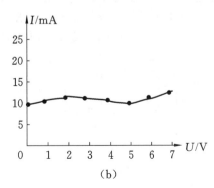
(b)

图 2-9　坐标比例的选择

③ 坐标分度值不一定从零开始。在一组数据中,坐标可用低于最低值的某一整数做起点,高于最高值的某一整数做终点,以使图形占满全幅坐标纸为宜。

3. 根据数据描点

数据可用空心图、实心图、三角形等符号做标记,其中心应与测量值相重合,符号大小在 1 mm 左右。同一曲线上各数据点用同一符号,不同的曲线则用不同的符号。

根据各点作曲线时,应注意到曲线应光滑匀整,只具少数转折点;曲线所经过的地方尽量与所有的点相接近,但不一定通过图上所有的点。

2.9 常用的测量技术

◆ 2.9.1 伏安特性曲线的测定

所谓伏安特性曲线,就是某一端口的电压、电流间的变化规律曲线。通过对该曲线的分析计算,可以掌握端口电压、电流的变化规律。因此,在电路分析中,测定端口的伏安特性曲线是一个很重要的分析手段。

在测量某一端口元件的伏安特性时,通常采用调节外接可调电阻的方法,以得到不同的电压、电流值,在坐标平面上加以描述,最终得到该端口元件的伏安特性曲线。常用的测量方法有伏安测量法和示波测量法。

1. 伏安测量法

端口的伏安特性是用电压表、电流表测定的,这种测量方法称为伏安测量法。具体的实验线路如图 2-10 所示。

当需要测量虚线框端口的伏安特性时,通过外接可调电阻 R_L 的方法,改变 R_L 可以得到不同的 U、I 值,在坐标平面上加以描述,就能得到该端口的伏安特性曲线。

若电源 U_S 可调,R_L 固定,当需要测量电阻元件 R_L 的伏安特性曲线时,则可采用调节 U_S 的大小,以得到不同的 U、I 值的方法测定。

独立电源和电阻元件的伏安特性可以用伏安测量法(简称伏安法)测定。伏安法原理简单,测量方便,同时适用于非线性元件伏安特性的测定。由于仪表的内阻会影响测量结果,因此必须注意仪表的合理接法。

2. 示波测量法

利用双踪示波器能够将两路信号在 X-Y 工作方式直接合成,形成特性曲线的特点,可以用示波器来测量端口的伏安特性曲线。这种用示波器来测量端口的伏安特性曲线的方法称为示波测量法。具体的实验线路如图 2-11 所示,CH_1 通道测量的是 U_S 信号。

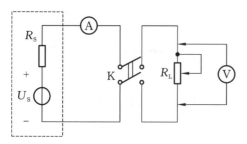

图 2-10 伏安测量法实验线路图

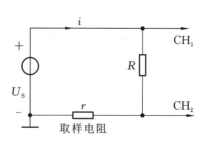

图 2-11 示波测量法实验线路图

　　由于示波器只能测量电压信号,不能直接测量电流信号,而测量电流信号又往往是必需的,因此我们常采用加取样电阻的方法,将电流信号转换成电压信号后再进行测量。图 2-11 中 CH_2 通道测量的是 U_r 信号,而 $i = \dfrac{U_r}{r}$,只要取样电阻是线性无感的且尽可能小,U_r 信号就可以反映电流信号的变化规律。在示波器的 $X\text{-}Y$ 工作方式能观察到端口的伏安特性曲线。

◆ 2.9.2　三表法测定交流参数

　　在交流电路中,我们通常要进行交流电量、电参数的测量。

　　所谓电参数,是指元件本身特性,例如 R、L、C、M(互感)等。所谓电量,表征的是回路特性,我们用得多的电量有电压、电流、功率等。交流参数测量的方法很多,我们这里介绍三表法。

　　三表法即用电压表、电流表、功率表测量元件参数的方法。具体的实验线路如图 2-12 所示,虚线框所示为调压器,电压表监测被测元件电压,电流表监测元件电流,功率表测量元件消耗的有功功率。

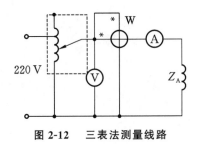

图 2-12　三表法测量线路

于是,回路的功率因数　　　　　　$$\lambda = \cos\varphi = \frac{P}{UI}$$

阻抗的模　　　　　　　　　　　　$$|Z| = \frac{U}{I}$$

等效电阻　　　　　　　　　　$$R = \frac{P}{I^2} = |Z|\cos\varphi$$

等效电抗　　　　　　　　　　　$$X = |Z|\sin\varphi$$

　　使用三表法时,应注意三块仪表的应用必须正确,电压表、电流表、功率表所测量的必须是被测元件的电压、电流和功率。

第三章

电工学实验

直流稳压电源基本性能测试

　　稳压电源是一种在电网电压或负载变化时,其输出电压或电流基本保持不变的电源装置,通常有交流稳压电源和直流稳压电源两大类。

　　直流稳压电源一般由电源变压器、整流电路、滤波电路、稳压电路四个部分组成。一般小容量的稳压电源由单相交流电源获得,其结构框图如图 3-1 所示。

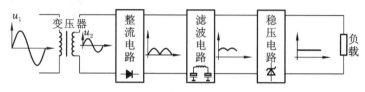

图 3-1　稳压电源结构框图

　　电源变压器用于将输入交流电压 u_1(220 V)降为 u_2;整流电路用于将交流电压 u_2 变为单极性脉动直流电压,整流电路一般有半波整流、全波整流和桥式整流三种电路,其整流后获得的直流电压分别为 $U=0.45u_2$ 和 $U=0.9u_2$;滤波电路的功能是利用储能元件使本来不平滑的单极性脉动直流电压变成比较平滑的直流电压,常用的电容滤波电路通过电容器的充放电作用,不仅可以使脉动的直流电压变得平滑,而且提高了输出电压值,使 $U=(1.1\sim1.2)u_2$;稳压电路一般由取样、比较、放大和调整及保护等相关电路构成,它的功能是利用反馈作用使输出电压不随电网或负载的变化而变化,始终保持基本不变。

　　稳压电源的基本构成、特性和正确使用方法是工程技术人员必须掌握的基本知识。

◆　一、实验目的

　　(1)了解直流稳压电源的基本构成和工作原理。
　　(2)研究直流稳压电源的基本特性,掌握正确使用方法。
　　(3)学习用电压表、电流表测定线性电压源的伏安特性。

◆　二、实验原理介绍

　　1. 伏安测量法

　　稳压电源的伏安特性可以用电压表、电流表测定,称为伏安测量法(简称伏安法)。伏安法原理简单,测量方便,同时适用于非线性元件伏安特性的测定。由于仪表存在一定内阻,必然会影响测量结果,因此必须注意仪表的合理接法。

　　2. 电压源

　　电压源的端电压 $u_S(t)$ 是确定的时间函数,而与流过电压源的电流大小无关。如果 $u_S(t)$ 不随时间变化(即为常数),则该电压源称为直流电压源 U_S,其伏安特性见图 3-2 中的直线 a。实际电压源可以用一个理想电压源 U_S 和电阻 R_S 相串联的电路模型来表示,如图 3-3 所示,其伏安特性见图 3-2 中的直线 b。端电压 U 与电流 I 的关系如下:$U=U_S-IR_S$。显然,R_S 越大,图 3-2 中的 a 与 b 的夹角 θ 也越大,其正切的绝对值代表了实际电压源的内阻 R_S。

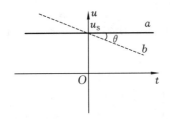

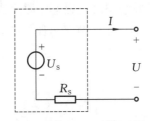

图 3-2　理想电压源和实际电压源的伏安特性　　　图 3-3　实际电压源的电路模型

3. 电流源

电流源向负载提供的电流 $i_S(t)$ 是确定的时间函数,与电流源的端电压大小无关。如果 $i_S(t)$ 不随时间变化(即为常数),则该电流源称为直流电流源 I_S,其伏安特性见图 3-4 中的直线 a。实际电流源可以用一个理想电流源 I_S 和电导 G_S 相并联的电路模型来表示,见图 3-5。其伏安特性见图 3-4 中的直线 b,可见,流过负载的电流 I 与端电压 U 的关系为 $I = I_S - G_S U$。显然,G_S 越大,图 3-3 中 a 与 b 的夹角 θ 也越大,其正切绝对值代表实际电流源的电导值 G_S。

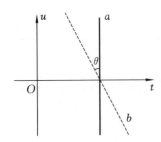

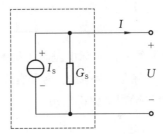

图 3-4　理想电流源和实际电流源的伏安特性　　　图 3-5　实际电流源的电路模型

4. 电源的等效变换

在电路理论中,在任何情况下,若两个电路的伏安特性都相同,则称这两个电路互相等效。据此,只要使电压源和电流源的伏安特性完全相同,则这两个电源之间就可以等效变换。电压源与电流源的伏安特性分别为 $U = U_S - IR_S$ 和 $I = I_S - G_S U$。改写电流源伏安特性为 $U = I_S R_S - IR_S$,再与电压源的伏安特性比较,可知:①两种电源的内阻 R_S 必须完全相同;②电压源的电动势等于电流源的开路电压,即 $U_{oc} = I_S R_S$,或电流源的电流等于电压源的短路电流 $I_S = \dfrac{U_S}{R_S}$;③电压源的电动势正方向与电流源的电流正方向一致。

◆　三、实验内容

(1) 掌握仪表刻度盘上相关符号的意义,学会正确选择测量仪表。

在表 3-1 中空白处填写相关符号的正确意义。

表 3-1　符号或数字的意义

符号或数字	⊓	⊕	⚡	⌐	⊥	∠	☆2	Ⅲ	B	1.5
意义										

（2）测量并绘制出理想电压源的伏安特性曲线。

按图 3-6(a)所示的测量电路接线,测量理想电压源的伏安特性。将数据填入表 3-2 中,
伏安特性曲线按图 3-6(b)用坐标纸绘制。

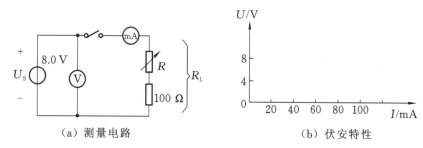

（a）测量电路　　　　　　（b）伏安特性

图 3-6　理想电压源的测量

表 3-2　测量数据 1

R_L/Ω	∞	500	400	300	200	100
U/V	8.0					
I/mA	0.0					

（3）测量并绘制出实际电压源的伏安特性曲线。

按图 3-7(a)测量电路接线,测量实际电压源的伏安特性。将数据填入表 3-3 中,伏安特
性曲线按图 3-7(b)用坐标纸绘制。

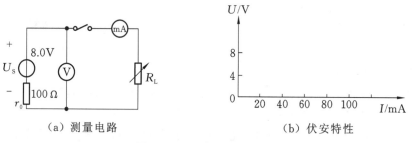

（a）测量电路　　　　　　（b）伏安特性

图 3-7　实际电压源的测量

表 3-3　测量数据 2

R_L/Ω	∞	500	400	300	200	100	0
U/V	8.0						
I/mA	0.0						

（4）用实验方法测量图 3-8 所示电路中不同输入电动势 E 对应的输出电压 U_o,填入表
3-4 中,在坐标纸上画出与 U_o 相对应的曲线,并与理论计算所得的数值相比较,再分析其
原因。

图 3-8 中:$E_1 = 5$ V,$E_2 = 10$ V,$R_1 = 500$ Ω,$R_2 = 2$ kΩ,E 从 0 V 线性增长到 15 V。

自拟实验步骤,尤其要注意 E 从 5 V 线性增长至 10 V 时输出电压 U_o 的变化。

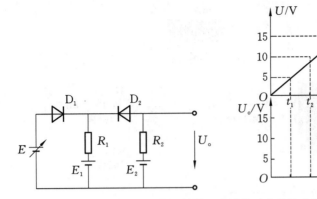

图 3-8 测量不同输入电动势对应的输出电压

表 3-4 测量数据 3

E/V	0	3	5	6	8	10	12	15
U_o/V								

提示：D_1、D_2 的阴极连接在一起，称为共阴极接法。此时，哪个二极管的阳极电位高，则哪个二极管优先导通。当阳极电位高于阴极电位约 0.7 V 时，二极管导通。理论分析时，可以将二极管当成理想二极管，即 $U_D=0$ V。

◆ 四、所需仪器设备

(1) 数字万用表一只。
(2) 直流电压表一只。
(3) 直流电流表一只。
(4) 五路直流稳压电源一台。
(5) 元器件及导线若干。

◆ 五、注意事项

(1) 稳压电源不能短路。
(2) 用指针式直流电表测量时，极性不能接反。
(3) 电压测量时，一律以指针式电压表的读数为准。
(4) 通过电阻元件耗散的功率 $P=I^2R$ 不能超过电阻的额定功率。

◆ 六、思考题

(1) 理想电源外特性测试中，串接 100 Ω 固定电阻有何作用？
(2) 实验前如何预先检查电流表、稳压电源是否正常？
(3) 电源等效变换需注意哪些主要问题？

◆ 七、Multisim 仿真电路供参考

(1) 理想电压源的伏安特性测试电路如图 3-9 所示。

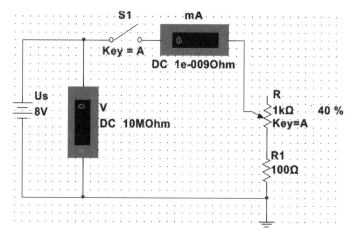

图 3-9　理想电压源的伏安特性测试电路

（2）实际电压源的伏安特性测试电路如图 3-10 所示。

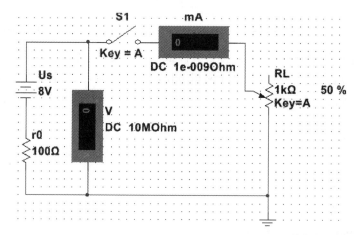

图 3-10　实际电压源的伏安特性测试电路

（3）二极管电路如图 3-11 所示。

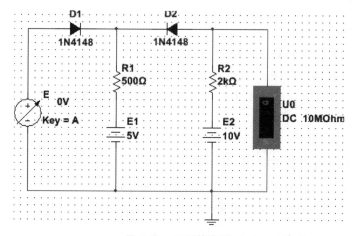

图 3-11　二极管电路

电路基本理论的实验研究

基氏电压、电流定律,叠加原理,戴维南定理,诺顿定理和互易原理等是学习电路理论课程时必须熟练掌握的基本理论知识。通过应用这些基本理论对实际电路进行分析、求解,做到深入理解、融会贯通,从而培养和提高实验者分析问题和解决问题的能力。

◆ **一、实验目的**

(1)加深对电路基本概念、基本理论内容的理解,掌握其应用方法。

(2)学习并掌握有源线性一端口网络等效参数的测量方法。

(3)初步学习实验电路的设计方法,并掌握电路的连接规律。

◆ **二、实验原理介绍**

1. 基氏定律

(1)基氏电压定律:电路中任何回路的各电动势代数和等于各段电压的代数和,即 $\sum E = \sum U$。

(2)基氏电流定律:电路中,流入任一节点(或封闭面)的电流代数和为零,即 $\sum I = 0$。

2. 叠加原理

(1)如果把独立电源称为激励,由它产生的支路电压、电流称为响应,则叠加原理可简述如下:在任一线性网络中,多个激励同时作用时的总响应等于每个激励单独作用时引起的响应之和。所谓某一激励单独作用,就是除了该激励外,其余激励均为零值。对于实际电源,电源的内阻或电导必须保留在原电路中。

(2)对于含有受控源的线性电路,叠加原理也是适应的。

(3)在线性网络中,功率是电压和电流的二次函数,叠加原理不适用于功率计算。

3. 戴维南定理

任何一个线性有源一端口网络,对外电路而言,总可用一个(理想)电压源和电阻相串联的有源电路来代替。如图 3-12 所示,其电压源的电压等于原网络端口的开路电压 U_{oc},其电阻等于原网络中所有独立电源为零值时的入端等效电阻 R_{eq}。

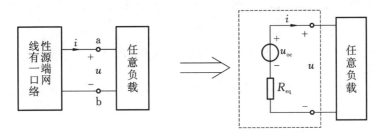

图 3-12 戴维南定理

4. 诺顿定理

诺顿定理是指任何一个线性有源一端口网络,对外部电路而言,总可以用一个(理想)电流源和电导相并联的有源电路来代替,如图 3-13 所示。其电流源等于原网络端口短路时的短路电流 i_{sc},其电导等于原网络中所有独立源为零(开路)时的入端等效电导 G_{eq},且 $G_{eq}=\dfrac{1}{R_{eq}}$。

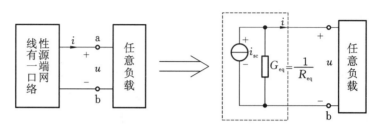

图 3-13　诺顿定理

5. 互易定理

互易定理是不含受控源的线性网络的主要特性之一。如果把一个由线性定常电阻、电容和电感(包括互感)元件构成的二端网络称为互易网络,则互易定理可以叙述如下。

(1) 当一电压源 u_S 作用于互易网络的 1-1′端时,在 2-2′端上引起的短路电流 i_2(见图 3-14(a))等于同一电压源 u_S 作用于 2-2′端时在 1-1′端上引起的短路电流 $i_1{}'$(见图 3-14(b)),即 $i_2=i_1{}'$。

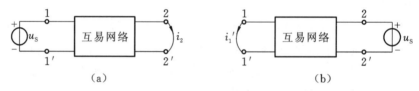

图 3-14　互易定理示意图之一

(2) 当一电流源 i_S 作用于互易网络的 1-1′端时,在 2-2′端引起的开路电压 u_2(见图 3-15(a))等于同一电流源 i_S 作用于 2-2′端时在 1-1′端上引起的开路电压 $u_1{}'$(见图 3-15(b)),即 $u_2=u_1{}'$。

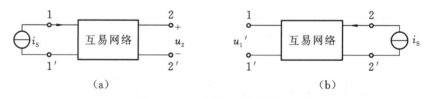

图 3-15　互易定理示意图之二

(3) 当一电流源 i_S 作用于一互易网络的 1-1′时,在 2-2′端上引起的短路电流为 i_2(见图 3-16(a));若在 2-2′端加一电压源 u_S,只要 u_S 与 i_S 在所有时刻都是相等的或者成正比的(注:u_S 与 i_S 是两个单位不同的电量,这里所说的"相等或者成正比"是指二者的单位确定后,交变量在任一时刻的幅值或直流量的数值相等或者成正比),则在 1-1′端上引起的开路电压 $u_1{}'$(见图 3-16(b))与 i_2 相等或者成正比,即按图示方向,有 $\dfrac{i_S}{u_S}=\dfrac{i_2}{u_1{}'}$。

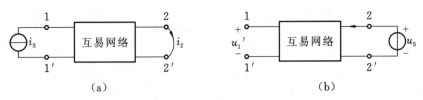

（a）　　　　　　　　　　（b）

图 3-16　互易定理示意图之三

同理，如在 1-1'端加一电压源 u_S，而在 2-2'端加一电压 u_2，与在 2-2'端加一电流源 i_S 时在 1-1'端引起的短路电流有跟上述相同的结果。

◆　三、实验内容

1. 电位与电压的测量

根据图 3-17 所示的各元件参数正确连接电路，用直流电压表分别测出以 E、F 点为参考点时电路中各点电位值及相邻两点的电压值。将数据记入表 3-5 内，再与理论计算所得数值相比较并进行分析，得出合理结论。

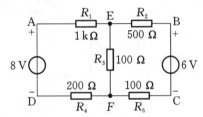

图 3-17　电位与电压测量电路

表 3-5　电位与电压的测量与计算　　　　　　　　　单位：V

参考点		φ_A	φ_B	φ_C	φ_D	φ_E	φ_F	u_{AE}	u_{BE}	u_{EF}	u_{DF}	u_{CF}
测量	E											
	F											
计算	E											
	F											

2. 基氏定律的研究

实验原理如图 3-18 所示，按表 3-6 的要求测出数据，并进行分析，得出正确结论。

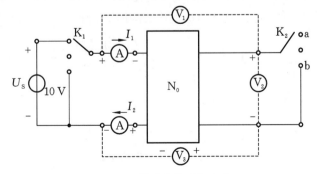

图 3-18　基氏定律验证电路

表 3-6　数据测量与计算

状态	测量						计算	
	$U_{\rm S}/{\rm V}$	$I_1/{\rm mA}$	$I_2/{\rm mA}$	$U_1/{\rm V}$	$U_2/{\rm V}$	$U_3/{\rm V}$	$\sum I/{\rm mA}$	$\sum U/{\rm V}$
$K_2 \rightarrow a$								
$K_2 \rightarrow b$								

3. 叠加原理实验讨论

（1）按图 3-19 接线。

（2）根据表 3-7 的要求测出相关数据。

（3）分析测量的数据，得出合理结论。

注：请注意数据的符号。

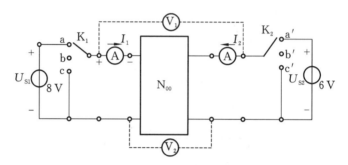

图 3-19　叠加原理实验电路

表 3-7　数据测量结果

激励	响应					
	$u_{\rm S1}/{\rm V}$	$u_{\rm S2}/{\rm V}$	$u_1/{\rm V}$	$u_2/{\rm V}$	$I_1/{\rm mA}$	$I_2/{\rm mA}$
$u_{\rm S1}$、$u_{\rm S2}$ 同时作用						
$u_{\rm S1}$ 单独作用，K_2 接 c'						
$u_{\rm S2}$ 单独作用，K_1 接 c						

4. 线性有源一端口网络等效参数的测量

（1）按实验原理图 3-20 在实验模板中正确连接电路，K 接 a，按表 3-8 中 $R_{\rm L}$ 的阻值调节 $R_{\rm L}$，分别测出通过负载的电流 $I_{\rm L}$ 及其两端电压 $U_{\rm L}$ 并填入表 3-8 中相关位置。

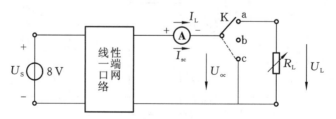

图 3-20　戴维南定律验证

（2）先后将开关 K 拨向 b、c，测量线性端口网络的开路电压 U_{oc} 和短路电流 I_{sc}，计算等效内阻 r_{S1} 并填入表 3-9 方法一中。

（3）改接线路图（见图 3-21），取入端电压 U_S 的值为 6 V，测入端电流 I_o，计算等效内阻 r_{S2}，将数据填入表 3-9 方法二中。

（4）计算等效内阻 $r_S=(r_{S1}+r_{S2})/2$，将计算结果填入表 3-9 中，再测量由等效内阻 r_S 和电压源电压等于开路电压 U_{oc} 时组成的等效有源电路（见图 3-22）的伏安特性曲线，将数据填入表 3-8 中相关位置。

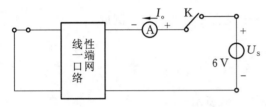
图 3-21　入端电压、电流测等效电阻

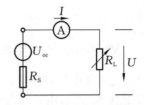
图 3-22　线性一端口网络等效电路

（5）根据表 3-8 中的数据，分别画出端口网络电路和等效有源电路的伏安特性曲线，分析戴维南定理的正确性。

表 3-8　等效参数测量数据

R_L/Ω		∞	500	400	300	200	100	0
端口网络	U_L/V							
	I_L/mA							
等效有源电路	U/V							
	I/mA							

表 3-9　不同方法的测量数据

方法一			方法二			等效电阻 r_S/Ω
u_{oc}/V	I_{sc}/mA	r_{S1}/Ω	u_S/V	I_o/mA	r_{S2}/Ω	$\dfrac{r_{S1}+r_{S2}}{2}$

5. 互易定理的验证

按图 3-14 接线。

分别测出 i_1、i_2 的数值并进行比较，详述互易定理之一。

◆　四、所需仪器设备

（1）数字万用表一只。

（2）直流电压表一只。

（3）直流电流表两只。

（4）五路直流稳压电源一台。

（5）元器件及导线若干。

◆ 五、思考题

（1）基氏电流定律在电路节点和封闭面中是否都适应？
（2）叠加原理是否也适应线性网络中的功率计算？
（3）用方法一、方法二测量等效内阻有什么区别？
（4）如何分析测量数据出现的误差？

◆ 六、注意事项

为减少测量误差，应该选用同一量程的电流表先测出 I_1 后再测量 I_2。

◆ 七、Multisim 仿真电路供参考

（1）电位与电压的测量。
以 E 为参考点，电位与电压的测量如图 3-23 所示。

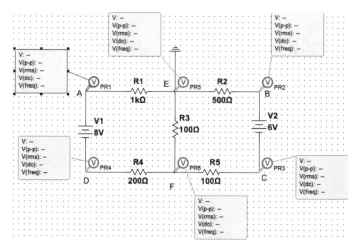

图 3-23　电位与电压的测量（以 E 为参考点）

以 F 为参考点，电位与电压的测量如图 3-24 所示。

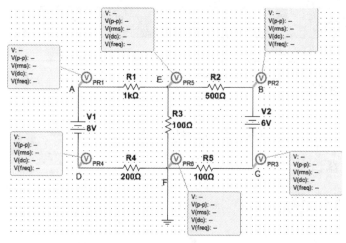

图 3-24　电位与电压的测量（以 F 为参考点）

注：先测出各点电位，再根据 $U_{AB} = U_A - U_B$ 计算电压。

（2）基氏定理验证电路如图 3-25 所示。

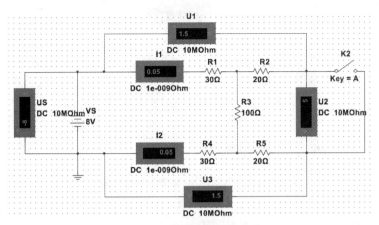

图 3-25　基氏定理验证电路

（3）叠加原理验证电路如图 3-26 所示。

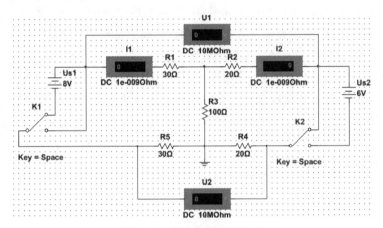

图 3-26　叠加原理验证电路

（4）戴维南定理验证。

① 开路电压和短路电流的测量如图 3-27 所示。

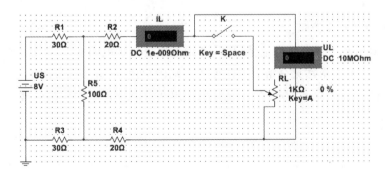

图 3-27　开路电压和短路电流的测量

② 入端电压、电流测等效电阻如图 3-28 所示。

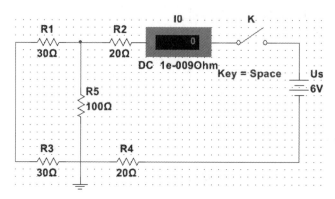

图 3-28　入端电压、电流测等效电阻

实验三　电路故障检查

　　电路工作不正常,仪器设备不能正常使用,常常是由故障造成的。其中,由开路和短路造成的故障称硬故障;由参数异常造成的故障称软故障。这些故障通常是由导线断路、接触不良、线路接错、参数配错或元器件损坏等原因引起的。

　　故障改变了电路的结构和参数,使电路中电压、电流异常,器件工作失常,严重时将危及人身安全和造成财产损失。出现震动、声响、发热和焦臭味是最常见的故障征兆。

　　利用所学理论知识,联系故障实际情况认真、仔细地分析,进行故障判断与排除,是电路测试技术综合性实验的基本内容之一,是对直流电路单元理论知识学习的总结和实践技能的培养,有利于将知识转化为能力。

◆　一、实验目的

　　(1)学习判断电路故障的方法,培养并提高分析问题和解决问题的能力。

　　(2)掌握用电压表、电流表(伏安法)查找电路故障的技能。

◆　二、实验原理介绍

　　1. 故障检查的基本方法

　　(1)电压测量法。在电路带电情况下,利用电压表测量电路中有关节点的电位,或某两点之间的电压,根据测量结果分析并判断发生故障的部位,称电压测量法。

　　(2)电阻测量法。在电路不带电的情况下,用欧姆表测量电路的阻值或导线、元件的通断情况,从而确定故障所在,称电阻测量法。

　　(3)伏安测量法。在电路带电情况下,利用电压表、电流表测量支路和回路的电压、电流,再与通过计算得出的支路和回路的电压、电流进行比较,分析、判断故障部位,称伏安测量法。

　　此外,在电子电路中还可采用信号寻迹法检查故障,即用示波器对信号的传输路径逐级检测,查看输入、输出电路中有关节点传输的信号波形是否正常,从而分析、判断故障的原因及部位。

2. 故障的处理

（1）实验过程中出现故障时，应立即切断电源，避免故障扩大，并保持现场，切勿随意拆除或改动线路。

（2）冷静分析，正确判断，采取有效的检查方法和步骤，迅速查出故障原因并加以排除，使电路尽快恢复正常。

（3）只有当电路在带电情况下不会继续扩大故障和造成人身伤害、设备事故时，才允许用电压表带电检查故障。否则必须切断电源，用欧姆表或其他安全的方法进行检查。

3. 故障的处理步骤

故障的处理步骤是：一了解，二对照，三分析，四检测。

了解与故障有关部分电路的结构及特点，纵观全局，理清思路，制定方案。

对照实验线路图，检查线路的连接是否正确，各元件参数是否与图中标明的一致，针对电路在正常情况下的相关支路电压、电流、电阻进行初步计算，做到心中有数。

分析产生故障时的现象以及故障的性质、故障产生的原因和出现故障的部位。

有目的地对可疑部分逐一进行检测、判断，通过比较，确定故障点并最终排除故障。现场检测获得的相关数据最具说服力，必须认真、完整地进行记录，以利于分析和判断。

◆ **三、实验内容**

（1）用伏安法对故障实验模板的故障进行排查。

故障实验模板电路如图 3-29 所示，要求用伏安法找出其中隐含的 4 个故障，并用相关测量数据进行分析并说明理由，最后画出排除故障后的完整、正确的电路图。

（短路元件用一直线代替，开路元件不画）

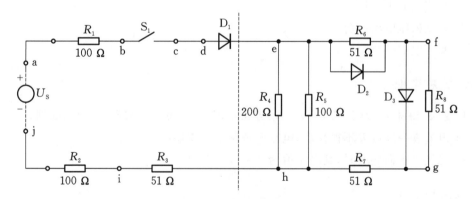

图 3-29　故障实验模板电路

（2）分析下列电路可能产生故障的部位和原因，指出用何种方法判断较合理。

① 单级放大电路（见图 3-30）的输出信号不正常（a.没有输出；b.上半周失真；c.下半周失真；d.上、下半周均失真），请分析产生的原因。

② 直流稳压电源突然没有输出电压，请根据原理电路图（见图 3-31），综合采用多种故障判别方法分析故障原因，详细说明检查步骤，写在实验报告上。

③ 具有定时控制和调速功能的电风扇突然不转动，试根据图 3-32 所示的控制电路分析产生故障的原因，说明检查步骤，写在实验报告上。

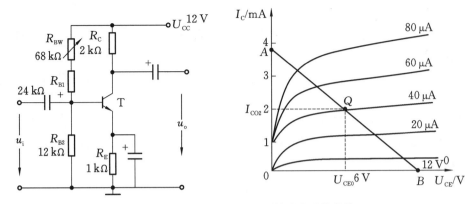

图 3-30　单级放大电路及三极管输出特性曲线

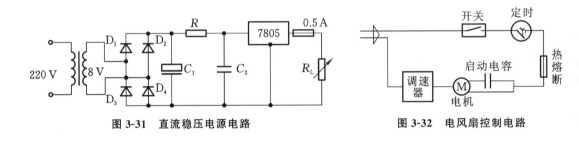

图 3-31　直流稳压电源电路　　　　　图 3-32　电风扇控制电路

◆　四、所需仪器设备

(1) 直流电压表一只。

(2) 直流电流表一只。

(3) 直流稳压电源一台。

(4) 实验模板一个。

◆　五、注意事项

(1) 图 3-29 中 U_S 为 10 V,c、d 两端连接电流表,注意测试数据要完整、准确。

(2) 电流表一经接妥不得移动,电压源极性根据需要可以改变。

(3) 二极管正向导通时,其电压值为 0.5～0.7 V。

◆　六、实验总结

(1) 认真总结电路故障的一般检查方法及步骤。

(2) 说一说通过本次实验有哪些收获、体会、意见及建议。

◆　七、思考题

(1) 当故障实验模板电路中的 R_1、R_2、R_3、D_1 有任一元件断路时,如何继续检查虚线右边电路中的故障?

(2) 如果 D_2、D_3 正常,用什么方法判断 R_6、R_8 是否存在故障?

(3) 当故障实验模板电路中的 R_4、R_5 有故障时,用什么方法可以最快判断出来?

实验四　常用电子仪器的操作技能训练

数字万用表、示波器和函数信号发生器是电工实验中常用的电子仪器,是从事设备检修和科学研究的重要工具,对这些设备的正确使用,是技术人员必须熟练掌握的基本技能之一。

◆ 一、实验目的

(1)了解常用电子仪器的结构框图和工作原理。

(2)熟悉并掌握常用电子仪器的正确使用方法。

(3)掌握电压、电流、周期、频率、相位差等电参数的示波器测量法。

◆ 二、实验原理介绍

1. 数字万用表

数字万用表是利用模/数转换器和液晶显示器,将被测量的数值直接以数字形式显示出来的一种电子测量仪表。与指针式万用表相比,数字万用表具有以下特点:

(1)数字显示,直观准确,并且具有极性自动显示功能;

(2)测量精度和分辨率高,功能全;

(3)输入阻抗高,对被测电路影响小;

(4)电路集成度高,产品的一致性好,可靠性强;

(5)保护功能齐全,有过压、过流、过载保护,超量程显示及低压指示功能;

(6)功耗低,抗干扰能力强。

图 3-33 为数字万用表的组成框图。

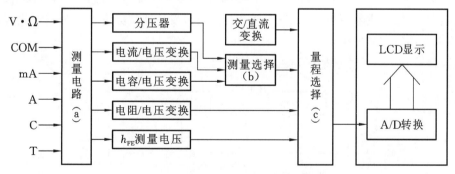

图 3-33　数字万用表组成原理框图

利用数字万用表可以进行电阻阻值的测量,二极管单向导电性检测,三极管放大倍数检测,交、直流电压和电流的测量,电容器检测,以及电感、温度等的测量。

正确使用万用表的关键是正确选择其测量量程、测量对象和表笔插孔。详细操作请预习本书第四章的"数字式仪表"部分。

2. 示波器

示波器是用来显示被观察信号的波形与参数的一种电子测量仪器。按照对信号处理方式的不同,示波器有模拟式示波器和数字式示波器之分。数字式示波器具有能够直接显示参数数据并实时记录、存储、处理以及取出再显示等功能。

一般模拟式示波器由示波管、电源、垂直通道(Y)、水平通道(X)及附属电路等部分组成,其框图如图 3-34 所示。

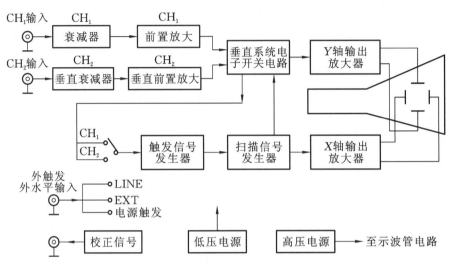

图 3-34 模拟式示波器原理框图

利用示波器可以进行电压、电流幅值的测量,可以对信号的周期和频率进行测量,可以测量同频率两信号之间的相角差,可以显示元件的特性曲线以及状态轨迹等。详细操作请参照本书第四章的"示波器"部分。

3. 函数信号发生器

函数信号发生器是一种能产生并输出多种信号的电子仪器,同时可以对每种信号的频率和幅度进行调节。按输出信号波形的不同,函数信号发生器可分为正弦信号发生器、脉冲信号发生器、函数发生器、噪声信号发生器。正弦信号发生器按频率可分为超低频、低频、视频、高频和超高频信号发生器。

函数信号发生器的原理框图如图 3-35 所示。

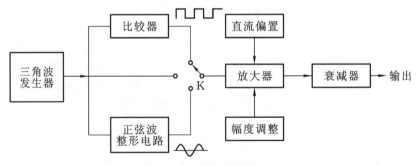

图 3-35 函数信号发生器原理框图

根据需要调节相关旋钮,使输出信号满足要求。详细操作请参照本书第四章的"函数信号发生器"部分。

◆ 三、实验内容

1. 万用表的正确使用

（1）用数字万用表交流电压挡测量实验台三相电源的电压数值,将测量结果填入表 3-10。

表 3-10　万用表测量 1　　　　　　　　　　　　　　　　　　　　单位:V

u_{AB}	u_{BC}	u_{CA}	u_{AN}	u_{BN}	u_{CN}

（2）用数字万用表交流 200 mV 挡测量直流稳压电源的交流分量,将测量结果填入表 3-11。

表 3-11　万用表测量 2　　　　　　　　　　　　　　　　　　　　单位:mV

+5 V	+12 V	−12 V	+20 V	+30 V

（3）用数字万用表测量表 3-12 中的电阻阻值,并将测量结果填入表格。

表 3-12　万用表测量 3

标称值	50 Ω	500 Ω	1 kΩ	5 kΩ	10 kΩ
实测值					
相对误差					

（4）电位器阻值的测量,将测量结果填入表 3-13。

表 3-13　万用表测量 4　　　　　　　　　　　　　　　　　　　　单位:Ω

端点	红—黑	红—黄	黄—黑
阻值			

（5）开关 S_1 通断的判别,将测量结果填入表 3-14。

表 3-14　万用表测量 5

状态	端点		
	红—黑	红—黄	黄—黑
向左			
向右			

2. 示波器的操作练习

按表 3-15 的要求仔细操作示波器,用坐标纸画出相应显示结果的图形。

表 3-15　V252 示波器操作练习

序号	操作目的	任务	工作方式选择	显示选择	输入耦合 CH₁	输入耦合 CH₂	探头选择	灵敏度 VOLTS/DIV	触发信源 (SOURCE)	触发方式 (MODE)	内部触发 (INT TRIG)	扫描时间 (TIME/DIV)/(ms/DIV)	显示结果
1	学习调出扫描线的方法	调出两条扫描线（时间基线）	Y-T	ALT	接地	接地	×1	5	INT	自动	CH₁	1.00	
2	了解垂直控制（Y轴）灵敏度开关（V/DIV）的作用	测量输入电压的峰峰值 U_{PP}。已知信号源为正弦波，$f=200$ Hz，调节输出电压，当 Y 轴输入灵敏度为 1 V/DIV 时，屏幕显示正波形正峰与负峰之间距离为 8 DIV	Y-T	CH₁	直流（交流）	接地	×1	1	INT	自动	CH₁	1.00	
3	了解扫描速度（T/DIV）开关作用	（1）调出稳定波形，已知信号源为正弦波，$U_{PP}=6$ V，$f=300$ Hz	Y-T	CH₁	交流	接地	×1	（　）	INT	自动	CH₁	（　）	
		（2）测量输入信号的周期（频率），已知条件同上，频率改为 $f=500$ Hz			交流	接地	×1	（　）				1.00	
		（3）研究扫描速度（T/DIV）与屏幕上显示波形周期数（M）的关系。已知条件同上，要求屏幕上显示五个周期波形	Y-T	CH₁	交流	接地	×1	（　）				（　）	

续表

序号	操作目的	任务	Y轴（垂直）的调节						X轴（水平）的调节				显示结果
			工作方式选择	显示选择	输入耦合		探头选择	灵敏度 VOLTS/DIV	触发选择			扫描时间 (TIME/DIV)/(ms/DIV)	
					CH₁	CH₂			触发信源 (SOURCE)	触发方式 (MODE)	内部触发 (INT TRIG)		
4	了解垂直控制（Y轴）耦合开关（交、直流）的作用	观察示波器上校正方波电压U_{PP}的值，Y轴耦合方式置为交流和直流时的波形	Y-T	CH₁	直流	接地	×1	（ ）	INT	自动	CH₁	（ ）	
					交流	接地	×1	（ ）				（ ）	
5	学习调出 X-Y 坐标平面上的图形	（1）调出图形的 X-Y 坐标原点（置于屏幕适当位置）	X-Y	ALT	接地	接地	×1	5	／	／	／	／	
		（2）分析 X、Y 轴输入同一个信号电压时的图形，已知信号为正弦波，$U_{PP}=6$ V，频率为（300~500）Hz	X-Y	ALT	交流（直流）	交流（直流）	×1	（ ）	／	／	／	／	

注：表中（ ）内填入所选择参数，／表示可不做选择。

3. 函数信号发生器的操作练习

根据表 3-16 中的内容,配合示波器调节函数信号发生器,使其输出不同波形、不同频率和不同幅度的信号,读出相对应的数据,进行相关分析和判断。

表 3-16　函数信号发生器的操作

函数信号发生器			示波器				
波形	频率/Hz	幅度/V	TIME/DIV	DIV	VOLTS/DIV	DIV	显示波形
正弦波							
三角波							
方波							

4. 测量示波器校准信号方波的频率

利用信号发生器测量频率的功能,测量示波器校准信号方波的频率,并用示波器本身测量的频率进行比较,完成表 3-17。

表 3-17　示波器校准信号方波的频率

频率计测量值 /Hz	示波器显示波形的相关读数		
	扫描速度(TIME/DIV)	一周期格数/DIV	计算值/Hz

注意:两种设备的地线(即两根探头线的黑色端子)必须相连接,即共地。

◆ 四、所需仪器设备

(1) 双线示波器一台。
(2) 函数信号发生器一台。
(3) 数字万用表一个。
(4) 实验器件若干。

◆ 五、注意事项

在使用示波器进行测量时,首先必须对示波器面板上各旋钮的功能有正确的了解。为了从示波器屏幕上直接读出数据,首先将校准功能的旋钮置于"校准"位置,即将灵敏度(VOLTS/DIV)旋钮的微调旋到箭头所指方向(CAL),将扫描时间(TIME/DIV)旋钮的微调(SWP VAR)旋到 CAL;将水平和垂直位移的旋钮(POSITION)分别置于中间位置;为使波形稳定,不左右移动,应正确选择同步触发方式、触发信号和触发电平,其中触发方式(MODE)用自动(AUTO),触发信源(SOURCE)用内部(INT)或电源(LINE),再适应调节触发电平(LEVEL)。

完成上述工作后,正确选择信号输入的耦合方式(AC/GND/DC)。在 AC 方式下,信号经一个电容器输入,此时信号的直流分量被隔离,只有交流分量被显示;在 GND 方式下,垂直轴放大器输入端被接地,信号被短接;在 DC 方式下,输入信号直接送至垂直轴放大器输入端显示,包含信号的直流分量。然后根据信号的输入通道选择显示方式:CH_1、CH_2、ALT(交替)、CHOP(间断)、ADD(代数和)。

应用示波器测量时,有几个细节必须充分注意:

(1)灵敏度旋钮的微调开关拉出时,系统增益扩展 5 倍,最高灵敏度可达 1 mV/DIV。

(2)示波器的原配探头线具有 10∶1 和 1∶1 两挡,置于 10∶1 挡时,荧光屏上的读数要乘 10。

(3)CH_2 的垂直位移旋钮拉出时,输入 CH_2 的信号极性被倒相。

(4)水平位移旋钮拉出时,扫描因数扩展 10 倍。

(5)当 TIME/DIV 旋钮顺时针旋转到底时,示波工作于 X-Y 状态,此时,CH_1 输入信号作为水平轴(X 轴)信号,其位移旋钮失去作用;CH_2 输入信号作为垂直轴(Y 轴)信号。

使用万用表进行测量时,必须正确选用测量对象、量程和表笔的插孔。

使用函数信号发生器时,输出端不能短路,对面板旋钮的功能必须熟悉。

使用示波器时,需按说明书正确操作,进行测量时,必须将相关微调旋钮放在"校准"位置,并注意探头线的衰减系数。

◆ 六、思考题

(1)如何利用示波器测量两个信号的相位差?

(2)使用数字万用表进行测量时,要特别注意哪些事项?

(3)为什么函数信号发生器测量的频率与示波器测量的频率不相等?

实验五 元件特性的示波器测量法

任何电路都由元器件组成,不同的器件和不同特性的元件组成功能不同的电路。为了能够设计出符合要求的功能电路,必须对元件的特性有所了解,并掌握利用示波器对相关元件的特性或电参数进行测量的方法。

◆ 一、实验目的

(1)掌握利用示波器测量电压、电流等基本电量的方法。深入理解峰-峰值、最大值、平均值和有效值的概念。

(2)学习并掌握用示波器测量两同频率信号相位差的方法。

(3)掌握用示波器及其他相关仪表测量元件特性的方法。

◆ 二、实验原理介绍

1. 用示波器测量电压

测量前要调节亮度和聚焦旋钮至适当位置,以便观察,同时,最大限度地减小显示波形的读出误差,使用探头时应检查电容补偿是否合适。

1) 直流电压测量

先置输入耦合开关于 GND 位置,确定零电平位置。置 VOLTS/DIV 开关于适当位置,再置 AC/GND/DC 开关于 DC 位置。扫描亮线随 DC 电压数值的改变而移动。信号的直流电压可以通过位移幅度与 VOLTS/DIV 标称值的乘积获得,例如,位移幅度为 4.2 DIV,VOLTS/DIV 为 50 mV/DIV,则 $U = 50$ mV/DIV$\times 4.2$ DIV$= 210$ mV,若使用 10:1 探头,则 $U = 210$ mV$\times 10 = 2.1$ V。

2) 交流电压测量

交流电压测量方法与直流电压相似,但这时不必在刻度上确定零电平。当测量叠加在较高直流电平上的小幅度交流信号时,置输入耦合开关于 AC 状态,直流成分被截止,交流成分可获得,提高了测量灵敏度。

3) 频率和周期的测量

首先确定周期信号一个周期的水平间距,假如水平间距为 2 DIV,当扫描时间因数为 1 ms/DIV 时,该信号周期 $T = 1$ ms/DIV$\times 2$ DIV$= 2.0$ ms,频率 $f = 1/T = 500$ Hz。

2. 时间差的测量

如无特殊说明,时间差一般指两信号半幅点之间的时间间隔。触发信号源 SOURCE 为测量两信号之间的时间差提供基准信号。若测量 CH$_1$ 信号与滞后于 CH$_1$ 的 CH$_2$ 信号之间时间间隔时,以 CH$_1$ 信号作为触发信号;反之,以 CH$_2$ 信号作为触发信号。也就是说,在测量 CH$_1$ 信号与 CH$_2$ 信号的时间差时,选择相位超前的信号作为触发信号,否则波形幅度有时会超出屏幕。另外,应使屏幕上显示的两信号波形幅度相等或者重叠。

3. 电流的测量

利用示波器不能直接测量电流,只能用间接法进行测量,若要用示波器测量某支路的电流,一般可在该支路中串入一个"采样电阻",如图 3-36 所示的电阻 r。当电路中的电流流过电阻 r 时,在 r 两端得到的电压与 r 中的电流波形完全一样,测出 U_r,就得到该支路的电流,即

$$i = \frac{U_r}{r}$$

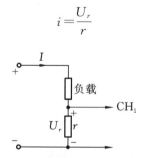

图 3-36 利用采样电阻观测电流

4. 相位差的测量

测量两个同频率信号的相位差,可以用直接法和椭圆截距法两种方法完成。

(1) 直接法:把两个信号分别从 CH$_1$ 和 CH$_2$ 输入示波器,并把两通道的输入信号以 Y-T 方式显示在屏幕上,如图 3-37 所示,从图中读出 L_1、L_2 的格数,则它们的相位差

$$\varphi = \frac{360^{\circ}}{L_2} \cdot L_1$$

（2）椭圆截距法：把两个信号分别从 CH_1 和 CH_2 输入示波器，示波器设为 X-Y 工作方式，则显示屏上会显示一个椭圆，如图 3-38 所示。分别测出图中 a、b 的格数，则相位差为

$$\varphi = \arcsin \frac{a}{b}$$

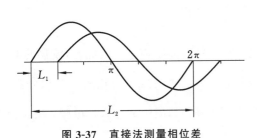

图 3-37 直接法测量相位差   图 3-38 椭圆截距法测量相位差

5. 二端元件特性的测量

用示波器测量元件特性，实际上就是把元件的伏安特性曲线显示在示波器的屏幕上，下面分别介绍电阻、电容、电感等元件特性的测量方法。

1）电阻元件特性的测量

电阻元件的特性曲线就是其伏安特性曲线，即电阻元件两端的电压与通过的电流之间的关系。测量原理图如图 3-39 所示，其中 R 为被测电阻，r 为电流采样电阻，示波器工作在 X-Y 方式，CH_1 输入电阻元件两端电压信号，CH_2 输入电阻元件通过的电流信号，显示屏上的水平轴和垂直轴则分别代表电压和电流，显示屏上所显示的图形就是元件的伏安特性曲线。

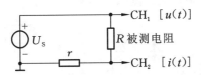

图 3-39 电阻元件特性的测量

2）电容元件特性的测量

由电路理论知识可知，电容元件的特性是由它的库（仑）伏（特）特性曲线表征的。要测量其特性，就必须在示波器的两个输入通道 CH_1 和 CH_2 分别输入电荷和电压信号。电压信号的输入举手可得，而电荷信号的获得需经过转换。因为

$$g(t) = \int_0^t i_C(t) \, \mathrm{d}t$$

因此，首先必须获得电流信号 i_C，这可以通过采样电阻 r 来完成，再用积分器对 $i_C(t)$ 积分，从而使得积分器的输出为电荷信号。将示波器置于 X-Y 工作方式，从 CH_1 输入电荷信号，CH_2 输入电压信号，则示波器的屏幕上即显示库伏特性曲线。图 3-40 中 u_S 为正弦信号源，r 为取样电阻，R 和 C 构成积分电路。需要说明的是，积分电路可以用集成运算放大器

组成精度更高的运算环节实现。

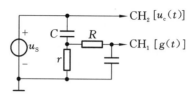

图 3-40　电容元件特性的测量

3）电感元件特性的测量

电感元件的特性可以用韦安(磁通链-电流)特性曲线描述。因此，示波器的 CH_1 和 CH_2 应分别输入磁通链和电流。因为 $\varphi(t) = \int_0^t u_L(t)dt$，即把 $u_L(t)$ 输入一个积分器，则输出就是 $\varphi(t)$。韦安特性曲线测量原理电路如图 3-41 所示，图中 r 是采样电阻，R、C 组成积分电路，$j\omega L \gg r$。

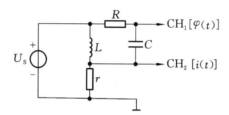

图 3-41　电感元件特性的测量

◆　三、实验内容

（1）用示波器测量图 3-42 所示的整流、滤波、稳压电路中各级电压的大小，求出它们相互间的关系，观察并画出各级电压波形图（表 3-18）。

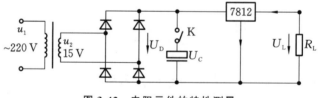

图 3-42　电阻元件的特性测量

表 3-18　各级电压波形图

各级电压	u_1/V	u_2/V	断开 K 时的 U_D/V	闭合 K 时的 U_C/V	U_L/V
数值	220	15			
波形					

根据所测数据分析 u_2 与 U_D 之间的关系。注意：u_1 电压波形不能用示波器观察，也不能同时观察 u_2 和 U_D 波形，为什么？

（2）测量图 3-43 所示的 RC 移相电路中 u_C 与 u_S 的相位差，并在坐标纸上绘出波形，标出波形名称及相位差。

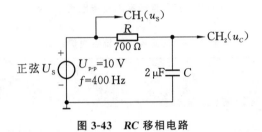

图 3-43　RC 移相电路

（3）依次观察图 3-44 中电阻、电容、电感电路中电压与电流的相位关系，并在坐标纸上分别绘出它们的波形，标明波形名称及相位差。

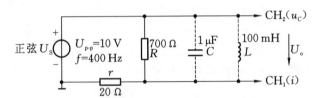

图 3-44　三元件电流、电压相位关系测量

（4）分别测量图 3-45 中线性电阻和非线性电阻的伏安特性曲线。

要求：①将示波器置于 Y-T 工作状态，分别观察并记录线性电阻和非线性电阻的电压、电流波形。

② 将示波器置于 X-Y 工作状态，直接观察并记录它们的伏安特性曲线。

*（5）观察图 3-46 所示电路原边和副边的电压波形，将波形绘制在坐标纸上并进行分析。

输入波形 u_i 分别为正弦波、正负幅值相等的方波、三角波、正脉冲波，$f=200\ \text{Hz}$，$U_{\text{p-p}}=10\ \text{V}$。

（注意：示波器两个通道输入耦合开关的位置要统一，即同为"AC"或"DC"）

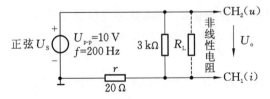
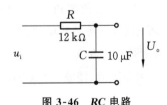

图 3-45　线性电阻和非线性电阻伏安特性测量　　　　**图 3-46　RC 电路**

（6）分别测量图 3-47 中电阻\电感\电容三元件的频率特性曲线，将测量结果填入表 3-19 中。$U_S=4\sqrt{2}\sin(\omega t)$。

（注意：改变频率时，保持 $U_S=4\ \text{V}$ 有效值不变）

图中：$R=200\ \Omega$，$L=100\ \text{mH}$，$C=1\ \mu\text{F}$。

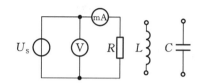

图 3-47　三元件频率响应特性测量电路

表 3-19　三元件频率特性测量结果

数据		频率/Hz					
		50	80	110	140	170	200
测量	I_R/mA						
	I_L/mA						
	I_C/mA						
计算	R/Ω						
	X_L/Ω						
	X_C/Ω						

注意:所有实验要求的波形、曲线均用坐标纸工整正确地画出来。

◆　四、所需仪器设备

（1）双线示波器一台。

（2）函数信号发生器一台。

（3）数字万用表一个。

（4）实验器件若干。

◆　五、注意事项

（1）注意公共点的选择。示波器输入信号线中的黑夹子必须与公共点夹在一起。两个黑夹子是等势体,注意不要将线路短接。

（2）观察输入波形时,首先应调好基准线位置,然后将 Y 轴输入耦合开关置于"直流（DC）",正弦波、三角波和具有正负极性的方波应与横轴对称,脉冲序列是正脉冲波,如波形上下位置不对,应将函数信号发生器输出信号直流电平预置调节旋钮置于中心位置,则为零电平,从而使波形位置正确。

（3）测量整流、滤波、稳压电路各级电压关系时用 220 V/15 V 电源变压器,要注意安全。

◆　六、思考题

（1）元件的伏安特性曲线在示波器屏幕上是如何形成的？举例说明。

（2）函数信号发生器输出信号的频率与示波器测量的频率有何差异？举例说明。

（3）如何在示波器屏幕上确定波形横轴和特性曲线坐标原点？

◈ 七、Multisim 仿真电路供参考

1. 整流滤波电路

（1）仿真电路图如图 3-48 所示。

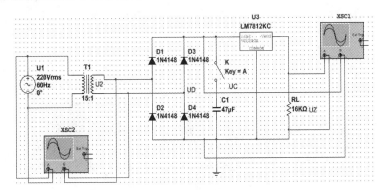

图 3-48　仿真电路图

（2）u_1 波形图如图 3-49 所示。

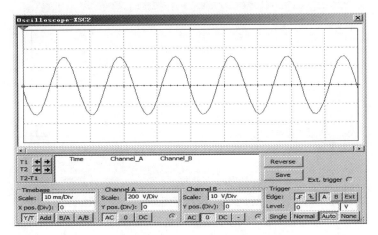

图 3-49　u_1 波形图

（3）u_2 波形图如图 3-50 所示。

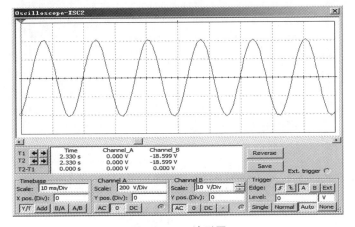

图 3-50　u_2 波形图

（4）断开 K 时的 U_D 波形图如图 3-51 所示。

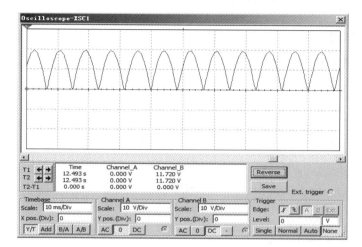

图 3-51　断开 K 时的 U_D 波形图

（5）闭合 K 时的 U_C 波形图如图 3-52 所示。

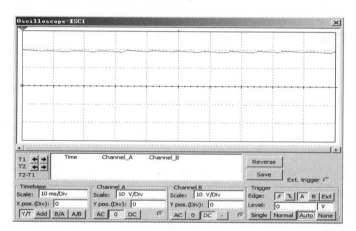

图 3-52　闭合 K 时的 U_C 波形图

（6）U_L 波形图如图 3-53 所示。

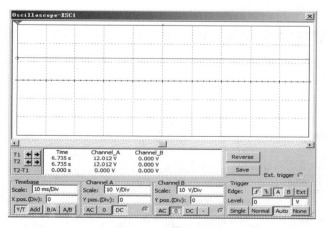

图 3-53　U_L 波形图

2. RC 移相电路

（1）仿真电路图如图 3-54 所示。

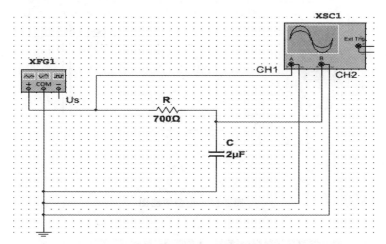

图 3-54　仿真电路图

（2）CH_1 和 CH_2 两个通道显示的波形图如图 3-55 所示。

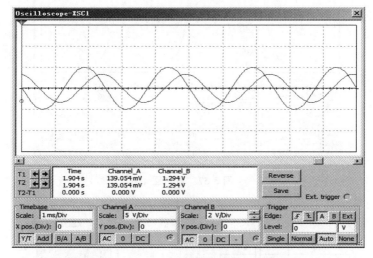

图 3-55　CH_1 和 CH_2 两个通道显示的波形图

3. 三元件电流、电压相位关系测量电路

（1）电阻电路如图 3-56 所示，其电流、电压相位关系如图 3-57 所示。

（2）电容电路如图 3-58 所示，其电流、电压相位关系如图 3-59 所示。

（3）电感电路如图 3-60 所示，其电压、电流相位关系如图 3-61 所示。

4. 三元件频率响应特性测试电路

（1）电阻元件频率响应特性测试电路如图 3-62 所示。

（2）电感元件频率响应特性测试电路如图 3-63 所示。

（3）电容元件频率响应特性测试电路如图 3-64 所示。

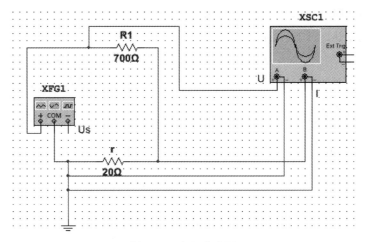

图 3-56　电阻电路图

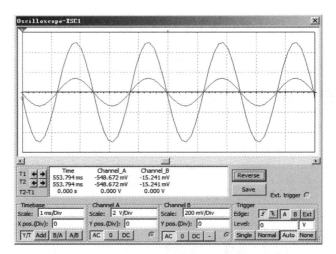

图 3-57　波形图 1

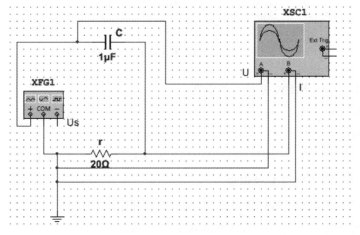

图 3-58　电容电路图

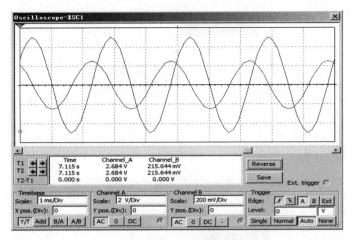

图 3-59　波形图 2

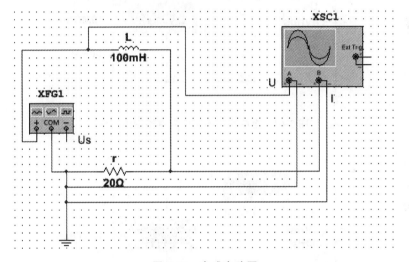

图 3-60　电感电路图

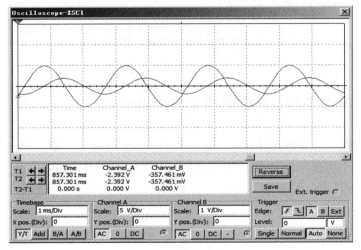

图 3-61　波形图 3

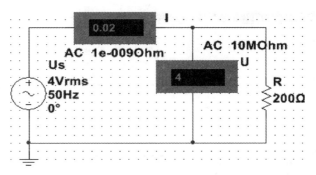

图 3-62　电阻元件频率响应特性测试电路

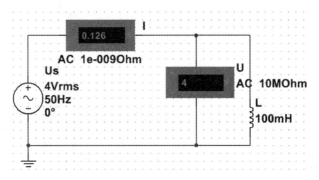

图 3-63　电感元件频率响应特性测试电路

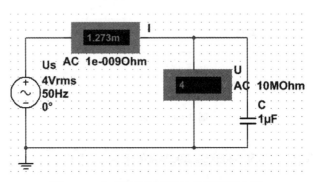

图 3-64　电容元件频率响应特性测试电路

实验六　一阶电路和二阶电路的方波激励响应

电路中一般均含有储能元件,因此,电路从原来的工作状态转换到另一种工作状态时,往往需要经历一个过渡过程,过渡过程持续时间的长短对产品质量和劳动生产率具有很大的影响。

◆　一、实验目的

(1) 学习用示波器观察和分析动态电路的过渡过程。

(2) 学习用示波器测量一阶电路的时间常数。

（3）研究 RC 电路的应用电路：微分和积分电路。

（4）研究 RLC 串联电路方波激励响应的模式及其与元件参数的关系。

（5）学习用示波器观察 RLC 串联电路过阻尼、欠阻尼情况下的方波激励响应。

◆ 二、实验原理介绍

1. RC 一阶电路的方波激励响应

1）过渡过程

在含有电感和电容等储能元件的电路（动态电路）中，当电路的结构或元件的参数发生变化时，电路从原来的工作状态转换到另一个工作状态时往往不能突变，必须经历一个过程，该过程称为过渡过程，也称为暂态或瞬态过程。动态电路的过渡过程是可以用一阶微分方程来描述和求解的。

2）动态电路的响应

动态电路的响应按其物理过程的不同分为三类：

（1）零状态响应。

所有储能元件的初始值为零的电路对外加激励的响应称为零状态响应。分析 RC 电路的零状态响应实际上是分析电容器的充电过程。如图 3-65 所示的一阶电路，当 $t=0$ 时，开关 S 由位置 2 转到位置 1，直流电源通过电阻 R 向电容 C 充电。由基尔霍夫电压定律（KVL），可列出电路的微分方程

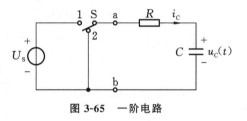

图 3-65　一阶电路

$$u_C + RC\frac{\mathrm{d}u_C}{\mathrm{d}t} = U_{\mathrm{s}} \qquad t \geqslant 0$$

其初始条件为：

$$u_C(0_-) = 0$$

可以得出电容的电压和电流随时间变化的规律

$$u_C(t) = U_{\mathrm{s}}(1 - \mathrm{e}^{-\frac{t}{\tau}}) \qquad t \geqslant 0$$

$$i_C(t) = \frac{U_{\mathrm{s}}}{R}\mathrm{e}^{-\frac{t}{\tau}} \qquad t \geqslant 0$$

式中，$\tau = RC$ 称为时间常数；τ 越大，过渡过程持续的时间越长。

由此，也可得到 R 上的电压

$$U_R = Ri = U_{\mathrm{s}}\mathrm{e}^{-\frac{t}{\tau}} \qquad t \geqslant 0$$

（2）零输入响应。

电路在无激励情况下，由储能元件的初始状态引起的响应称为零输入响应。分析 RC 电路的零输入响应，实际上是分析电容器的放电过程。在图 3-65 中，当开关 S 置于位置 1，$u_C(0_-) = U_0$ 时，再将开关 S 转到位置 2，电容器的初始电压 $u_C(0_-)$ 经过电阻 R 放电。由 KVL 方程

$$u_C + RC\frac{\mathrm{d}u_C}{\mathrm{d}t} = 0 \qquad t \geqslant 0$$

和初始值

$$u_C(0_-) = U_0$$

可以得出电容器上的电压和电流随时间变化的规律：

$$u_C(t) = u_0 e^{-\frac{t}{\tau}} \qquad t \geqslant 0$$

$$i_C(t) = -\frac{u_0 e^{-\frac{t}{\tau}}}{R} \quad t \geqslant 0$$

上式表明，零输入响应是初始状态的线性函数。

同时可求出电阻 R 上的电压为

$$U_R = Ri = -U_0 e^{-\frac{1}{\tau}}$$

（3）全响应。

电路在输入激励和初始储能（均不为零）共
同作用下产生的响应称为全响应。全响应实际
上是零输入响应和零状态响应两者的叠加。对
于图 3-66 所示的电路，当 $t=0$ 时合上开关 S，
则描述电路的微分方程为

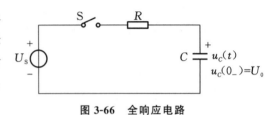

图 3-66　全响应电路

$$u_C + RC \frac{\mathrm{d}u_C}{\mathrm{d}t} = U_s$$

初始值为

$$u_C(0_-) = U_0$$

可以得出全响应

$$u_C(t) = \underbrace{U_s(1 - e^{-\frac{t}{\tau}})}_{\text{零状态分量}} + \underbrace{u_C(0_-)e^{-\frac{t}{\tau}}}_{\text{零输入分量}}$$

$$= \underbrace{[u_C(0_-) - U_s]e^{-\frac{t}{\tau}}}_{\text{自由分量}} + \underbrace{U_s}_{\text{强制分量}} \qquad t \geqslant 0$$

$$i_C(t) = \underbrace{\frac{U_s}{R}e^{-\frac{t}{\tau}}}_{\text{零状态分量}} - \underbrace{\frac{u_C(0_-)}{R}e^{-\frac{t}{\tau}}}_{\text{零输入分量}}$$

$$= \underbrace{\frac{U_s - u_C(0_-)}{R}e^{-\frac{t}{\tau}}}_{\text{自由分量}} \qquad t \geqslant 0$$

上式表明：

① 全响应是零状态分量和零输入分量之和，它体现了线性电路的可叠加性。

② 全响应也可以看成自由分量和强制分量之和，自由分量的起始值与初始状态和输入有关，而随时间变化的规律仅仅取决于电路的 R、C 参数。强制分量则仅与激励有关。当 $t \to \infty$ 时，自由分量趋于零，过渡过程结束，电路进入稳态。

对于上述零状态响应、零输入响应和全响应的一次过程，$u_C(t)$ 和 $i_C(t)$ 的波形可以用长余辉示波器直接显示出来。示波器工作在慢扫描状态，输入信号接在示波器的 DC 耦合输入端。

3）阶跃响应

零状态电路对单位阶跃函数 $U(t)$ 的响应称为阶跃响应。工程上常用阶跃函数和阶跃响应来描述动态电路的激励和响应。例如图 3-65 所示电路的 a、b 左侧部分电路，在 $t=0$ 时开关 S 从位置 2 转到位置 1，等效为一个幅值为 U_s 的阶跃信号的作用。开关 S 从位置 1 转

到位置 2 时,等效为一个幅值为 $U_\mathrm{s}[1-u(t)]$ 的阶跃信号的作用。对于线性定常电路,当电路的激励是一系列阶跃信号 $U(t)$ 和延时阶跃信号 $U(t-t_0)$ 的叠加时,电路的响应也是该电路的一系列阶跃响应和其延时阶跃响应的叠加。

4)方波信号(矩形脉冲)的激励响应

方波信号可以看成一系列阶跃信号和延时阶跃信号的叠加。

(1)对 RC 一阶电路(图 3-67(a))在方波(图 3-67(b))激励下的响应可做如下分析:

当方波的半周期(称脉冲宽度 t_p)远大于电路的时间常数时($t_p \gg \tau$,其中 τ 为时间常数,$\tau=RC$),可以认为方波某一边沿(上升沿或下降沿)到来时,前一边沿所引起的过渡过程已经结束。这样,电路对上升沿的响应就是零状态响应,电路对下降沿的响应就是零输入响应。同时,方波响应是零状态响应和零输入响应的多次过程。因此,可以借助普通示波器来观察、分析方波激励下 RC 电路的零状态响应和零输入响应,如图 3-67(c)所示。

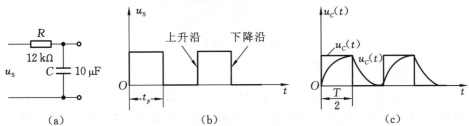

图 3-67 RC 一阶电路在方波激励下的响应

(2)积分电路。

当激励方波的脉冲宽度 t_p 约等于甚至小于电路的时间常数,即 $t_p \leqslant \tau$ 时,在方波的某一边沿到来时,前一边沿所引起的过渡过程尚未结束,这样,电路充、放电的过程都不可能完成,如图 3-68 所示。

充放电的初始值可用以下公式求出:

$$U_1=\frac{U_\mathrm{s}\cdot e^{-T/2\tau}}{1+e^{-T/2\tau}}$$

$$U_2=\frac{U_\mathrm{s}}{1+e^{-T/2\tau}}$$

而此时电路的输出电压 $u_\mathrm{o}=u_C(t)=\frac{1}{RC}\int_0^t u_\mathrm{s}(t)\mathrm{d}t$,近似为输入电压 $u_\mathrm{s}(t)$ 的积分。若输入电压为系列矩形波(正方波),则输出波形近似为锯齿波。若时间常数 τ 越大,充放电越是缓慢,所得锯齿波电压的线性度也就越好。如图 3-69 所示,该电路称为积分电路。

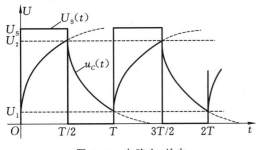

图 3-68 电路充、放电

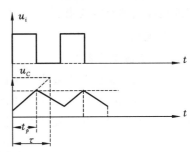

图 3-69 积分电路

（3）RC 电路的时间常数 τ。

RC 电路充、放电的时间常数 τ 可以从响应波形中估算出来。设时间坐标单位确定，对于充电曲线来说，幅值上升到终值的 63.2% 时所需要的时间即为时间常数 τ［图 3-70(a)］。对于放电曲线，幅值下降到初始值的 36.8% 所需要的时间为时间常数 τ［图 3-70(b)］。在示波器荧光屏上，可以将初始值与终值之差在垂直方向上调成 5.4 格，这样，3.4 格近似为 63.2%，2 格近似为 36.8%。

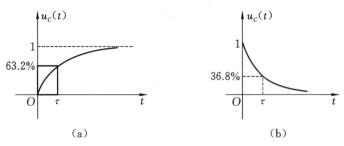

图 3-70　时间常数 τ 的测量

（4）微分电路。

对于图 3-71(a)所示电路，输出由电阻引出，同样，当周期性方波的脉冲宽度约等于或小于电路的时间常数（$t_p \leqslant \tau$），且 $u_C \gg u_R$ 时，$u_S \approx u_C$，则输出的是周期性的正、负尖脉冲（见图 3-71(b)），电阻上的电压

$$u_o = Ri = RC\,\frac{\mathrm{d}u_C}{\mathrm{d}t} \approx RC\,\frac{\mathrm{d}u_S}{\mathrm{d}t}$$

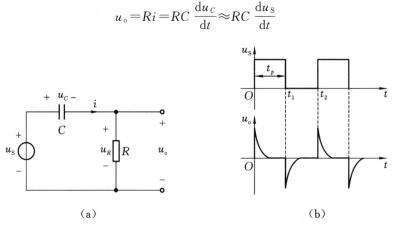

图 3-71　微分电路及其输入、输出电压波形图

可见，输出电压是输入电压的微分，这种电路称为 RC 微分电路，适当选择参数可以使微分器的精度达到所需要求。

2. 二阶电路

1）RLC 串联二阶电路

凡是可以用二阶微分方程来描述的电路称为二阶电路，或者说，含有两个独立储能元件的电路称为二阶电路。图 3-72 所示的线性 RLC 串联电路是一个典型的二阶电路（图中 U_S 为直流电压源），它可以用下述线性二阶常系数微分方程来描述：

$$LC\,\frac{\mathrm{d}^2 u_C}{\mathrm{d}t^2} + RC\,\frac{\mathrm{d}u_C}{\mathrm{d}t} + u_C = U_S$$

初始值为

$$u_C(0_-) = U_0$$

$$\left.\frac{\mathrm{d}u_C(t)}{\mathrm{d}t}\right|_{t=0} = \frac{i_L(0_-)}{C} = \frac{I_0}{C}$$

求解微分方程,可以得出电容上的电压 $u_C(t)$。再根据

$$i_C(t) = -C\frac{\mathrm{d}u_C(t)}{\mathrm{d}t}$$

求得 $i_C(t)$。

2) RLC 串联二阶电路零输入响应

如图 3-73 所示,RLC 串联二阶电路零输入响应的模式类型与元件参数有关。设电容上的初始端电压 $u_C(0_-)$ 为 U_0,流过电感的初始电流 $i_L(0_-)$ 为 I_0,此时求解二阶常系数微分方程可得两特征根为:

$$s_1 = -\frac{R}{2L} + \sqrt{\left(\frac{R}{2L}\right)^2 - \frac{1}{LC}} = -\alpha + \sqrt{\alpha^2 - \omega_0^2}$$

$$s_2 = -\frac{R}{2L} - \sqrt{\left(\frac{R}{2L}\right)^2 - \frac{1}{LC}} = -\alpha - \sqrt{\alpha^2 - \omega_0^2}$$

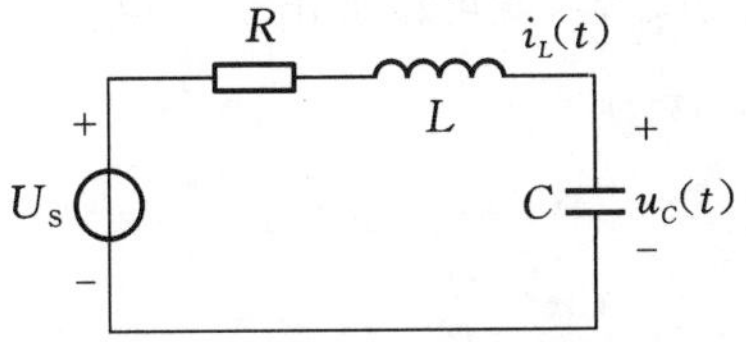

图 3-72　RLC 串联电路 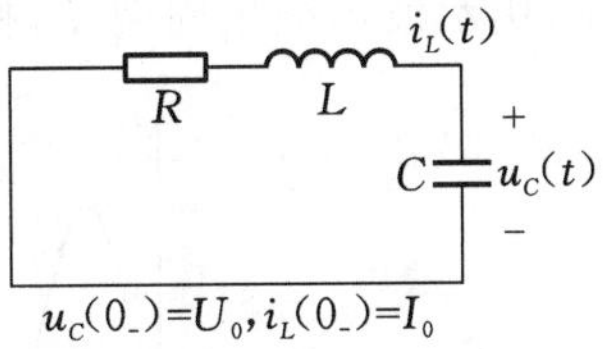　　　　图 3-73　RLC 串联二阶电路零输入响应

定义电路的衰减系数(阻尼系数)$\alpha = \frac{R}{2L}$,谐振角频率(固有频率)$\omega_0 = \frac{1}{\sqrt{LC}}$,电路参数 R、L、C 不同,则阻尼系数 α 和固有频率 ω_0 也不同,且激励后的响应模式也不相同,共有五种模式:

① 过阻尼状态:当 $\alpha > \omega_0$,即 $R > 2\sqrt{\frac{L}{C}}$ 时,响应是非振荡性的,称为过阻尼情况。其微分方程的两个特征根分别为

$$s_1 = -\alpha + \sqrt{\alpha^2 - \omega_0^2}$$

$$s_2 = -\alpha - \sqrt{\alpha^2 - \omega_0^2}$$

s_1、s_2 是两个不相等的负实根,此时电压和电流都是非振荡曲线。

② 临界阻尼状态:当 $\alpha = \omega_0$,即 $R = 2\sqrt{\frac{L}{C}}$ 时,响应处于临近振荡的状态,称为临界阻尼情况,其微分方程具有两个相等的负实根 $-\alpha$。其电压、电流波形同样是非振荡曲线,或称临界振荡曲线。

③ 欠阻尼状态:当 $\alpha < \omega_0$,即 $R < 2\sqrt{\frac{L}{C}}$ 时,电路的响应是减幅振荡的放电过程,称为欠阻尼情况,其衰减振荡角频率为

$$\omega_d = \sqrt{\omega_0^2 - \alpha^2} = \sqrt{\frac{1}{LC} - \frac{R^2}{4L^2}}$$

其中 ω_d、α 及 ω_0 存在三角关系,有

$$\omega_d = \sqrt{\omega_0^2 - \alpha^2}$$

④ 无阻尼状态:当 $R=0$ 时,响应是等幅振荡性的,称为无阻尼情况,等幅振荡角频率即为谐振角频率 ω_0。

⑤ 负阻尼状态:当 $R<0$ 时,响应是发散振荡性的,称为负阻尼情况。

对于欠阻尼情况,衰减振荡角频率 ω_d 和衰减系数 α 可以从响应波形中测量出来,例如在响应 $i(t)$ 的波形中(图 3-74),ω_d 可以利用示波器直接测出。对于 α,由于有

$$i_{1m} = A e^{-\alpha t_1}$$
$$i_{2m} = A e^{-\alpha t_2}$$

故

$$\frac{i_{1m}}{i_{2m}} = e^{-\alpha(t_1 - t_2)} = e^{\alpha(t_2 - t_1)}$$

显然,$(t_2 - t_1)$ 即为周期 $T_d = \dfrac{2\pi}{\omega_d}$,所以

$$\alpha = \frac{1}{T_d} \ln \frac{i_{1m}}{i_{2m}}$$

由此可见,用示波器测出周期 T_d 和幅值 i_{1m}、i_{2m} 后,就可以算出 α 的值。

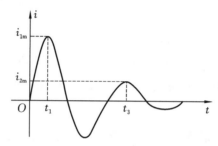

图 3-74 欠阻尼状态下电流的响应曲线

3) 二阶电路的求解

对于图 3-72 所示的电路,也可以联立以下两个能反映电路 t 时刻状态的一阶方程(即状态方程)来求解:

$$\frac{\mathrm{d}u_C(t)}{\mathrm{d}t} = \frac{i_L(t)}{C}$$

$$\frac{\mathrm{d}i_L(t)}{\mathrm{d}t} = -\frac{u_C(t)}{L} - \frac{Ri_L(t)}{L} - \frac{U_S}{L}$$

初始值为

$$u_C(0_-) = U_0$$
$$i_L(0_-) = I_0$$

其中,$u_C(t)$ 和 $i_L(t)$ 称为状态变量,它们反映了不同时刻 t 电路所处的不同状态。对于所有 $t \geqslant 0$ 的不同时刻,$u_C(t)$ 和 $i_L(t)$ 在状态平面上所确定的点的集合,就叫作状态轨迹。示波器置于 X-Y 工作方式,当 Y 轴输入 $u_C(t)$ 波形、X 轴输入 $i_L(t)$ 波形时,适当调节 Y 轴和 X 轴幅值,即可在荧光屏上显现出状态轨迹的图形,如图 3-75 所示。

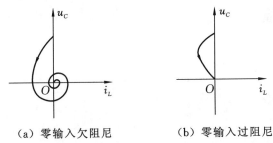

（a）零输入欠阻尼　　　　（b）零输入过阻尼

图 3-75　二阶电路中欠阻尼和过阻尼时的状态轨迹图

三、实验内容

1. 研究 *RC* 电路的方波激励响应

注意合理选择并标明 TIME/DIV 和 VOLTS/DIV 的灵敏度。

（1）响应从电容两端引出：已知图 3-76 中 $R=10\text{ k}\Omega$，$C=0.05\ \mu\text{F}$，输入信号 $u_i=4\text{ V}$，正方波，当频率分别为 200 Hz 和 2000 Hz 时，用示波器观察输出 u_o 的波形，将波形描绘在坐标纸上进行分析，并指出电路的作用，测量时间常数并和理论值比较。改变频率、电阻和电容的值，按照上述要求继续实验。

（2）响应从电阻两端引出：已知图 3-77 中 $R=10\text{ k}\Omega$，$C=0.05\ \mu\text{F}$，输入信号 $u_i=4\text{ V}$，正方波，当频率分别为 200 Hz 和 2000 Hz 时，用示波器观察输出 u_o 的波形，描绘在坐标纸上进行分析，并指出电路的作用，估算时间常数并和理论值比较。改变频率、电阻和电容的值，按照上述要求继续实验。

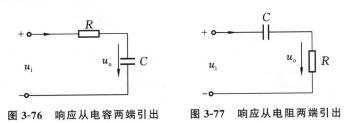

图 3-76　响应从电容两端引出　　图 3-77　响应从电阻两端引出

*（3）设频率固定为 200 Hz，$R=10\text{ k}\Omega$，当 C 为 0.05 μF 和 1 μF 时，分别观察图 3-76、图 3-77 中输出的响应波形。

2. *RLC* 串联电路的方波激励响应

如图 3-78 所示，$u_i=4\text{ V}$，$f=200\text{ Hz}$，正方波。

（1）$R=3\text{ k}\Omega$，$L=100\text{ mH}$，$C=0.1\ \mu\text{F}$，$r_0=20\ \Omega$。使示波器分别工作在 Y-T 和 X-Y 方式，观察电路中 $u_C(t)$ 和 $i_L(t)$ 的波形及状态轨迹图，绘出波形，并指出电路工作在哪种状态。

（2）$R=300\ \Omega$，$L=100\text{ mH}$，$C=0.1\ \mu\text{F}$，$r_0=20\ \Omega$。使示波器分别工作在 Y-T 和 X-Y 方式，观察电路中 $u_C(t)$ 和 $i_L(t)$ 的波形及状态轨迹图，绘出波形，并指出电路工作在哪种状态。

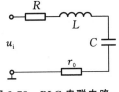

图 3-78　*RLC* 串联电路

*（3）$R=0$，$L=100\text{ mH}$，$C=0.1\ \mu\text{F}$，$r_0=20\ \Omega$，改变输入信号的频率从 200 Hz 到 1600 Hz，观察电路中 $u_C(t)$ 和 $i_L(t)$ 的波形及状态轨迹图，绘出波形，并指出电路工作在哪种状态，找出谐振频率。

◆ 四、所需仪器设备

（1）双线示波器一台。

（2）函数信号发生器一台。

（3）实验器件若干。

◆ 五、注意事项

（1）采样电阻 r 应远小于回路阻抗。

（2）示波器、信号发生器的公共端与电路中的"⊥"点必须接在一起。

（3）为观察波形，应适时调节示波器 X 轴扫描频率。

◆ 六、思考题

如果要用示波器观察一阶 RL 电路中电流和电感上电压的波形，应如何接线？

◆ 七、Multisim 仿真电路供参考

1. 研究 RC 电路的方波激励响应

（1）响应从电容两端引出，频率为 200 Hz 的电路图及波形图如图 3-79、图 3-80 所示，频率为 2000 Hz 的电路图及波形图如图 3-81、图 3-82 所示。

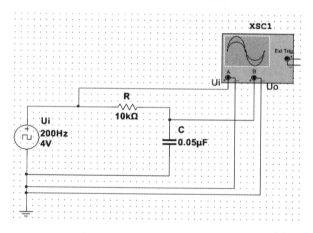

图 3-79　频率为 200 Hz 的电路图

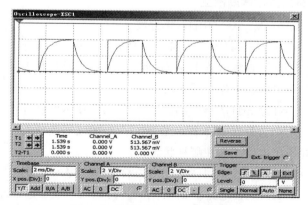

图 3-80　频率为 200 Hz 的波形图

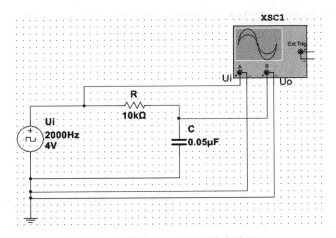

图 3-81　频率为 2000 Hz 的电路图

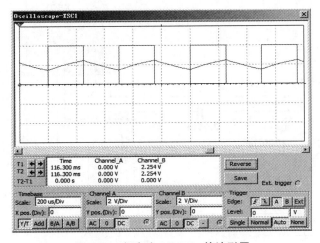

图 3-82　频率为 2000 Hz 的波形图

（2）响应从电阻两端引出，频率为 200 Hz 的电路图及波形图如图 3-83、图 3-84 所示，频率为 2000 Hz 的电路图及波形图如图 3-85、图 3-86 所示。

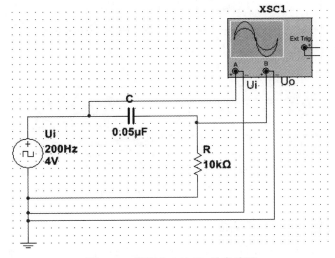

图 3-83　频率为 200 Hz 的电路图

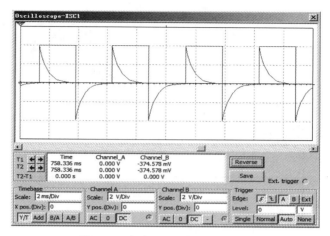

图 3-84　频率为 200 Hz 的波形图

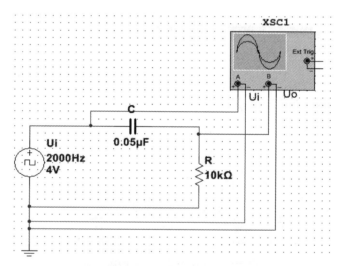

图 3-85　频率为 2000 Hz 的电路图

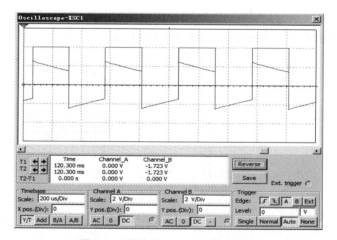

图 3-86　频率为 2000 Hz 的波形图

2. RLC 串联电路的方波激励响应

（1）当 $R = 3$ kΩ，$L = 100$ mH，$C = 0.1$ μF，$r_0 = 20$ Ω 时，电路图及波形图如图 3-87 至图

3-89 所示。

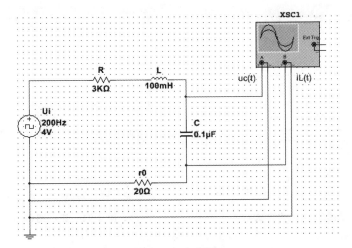

图 3-87　电路图 1

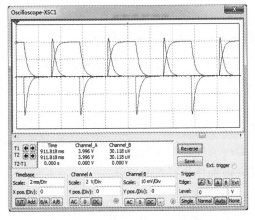

图 3-88　波形图（*Y-T* 工作方式）1

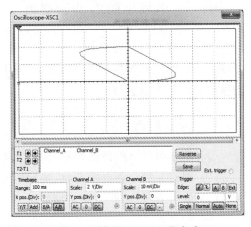

图 3-89　波形图（*X-Y* 工作方式）1

（2）当 $R=300\ \Omega,L=100\ \mathrm{mH},C=0.1\ \mu\mathrm{F},r_0=20\ \Omega$ 时，电路图及波形图如图 3-90 至图 3-92 所示。

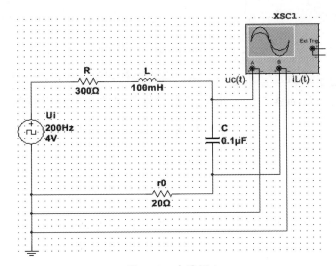

图 3-90　电路图 2

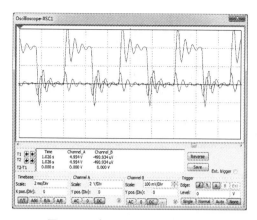

图 3-91   波形图（*Y-T* 工作方式）2

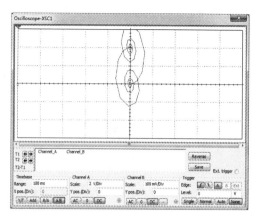

图 3-92   波形图（*X-Y* 工作方式）2

实验七   谐振电路的实验研究

储能元件电容和电感的存在，使得电路在一定的条件下存在谐振的可能性。不同的谐振（串联或并联）将产生不同的效应，有利也有弊。工程技术人员在设计中必须趋利避害，对谐振现象应该予以重视。

◆ 一、实验目的

（1）观察串联电路谐振现象，加深对串联电路谐振条件和特点的理解。
（2）观察并联电路谐振现象，加深对并联电路谐振条件和特点的理解。
（3）学习 *RLC* 串联电路谐振频率和频率特性曲线的测定方法。

◆ 二、实验原理介绍

1. 串联谐振的条件

RLC 串联电路如图 3-93 所示，其入端阻抗为

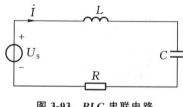

图 3-93   *RLC* 串联电路

$$Z = R + j\left(\omega L - \frac{1}{\omega C}\right) = |Z| \angle \varphi$$

显然，阻抗 Z 与角频率 ω 有关。当 ω 变化时，Z 随之变化。当 ω 变化到某一特定角频率 ω_0 时，$\dot{U}_s$ 和 $\dot{I}$ 同相位，即电路外加电压与电路中电流的相位差为零，称这种状态为串联谐振。此时 $\varphi = 0$，即 $\omega_0 L - \frac{1}{\omega_0 C} = 0$，

得到：

$$\omega_0 = \frac{1}{\sqrt{LC}} \quad \text{或} \quad f_0 = \frac{1}{2\pi\sqrt{LC}}$$

可见，串联谐振的角频率 $\omega_0(f_0)$ 只与电路中的 L、C 参数有关。

2. 串联谐振的特点

（1）串联谐振时，由于感抗 X_L 和容抗 X_C 相抵消，即总电抗 $X_0 = \omega_0 L - \dfrac{1}{\omega_0 C} = 0$，回路阻抗为最小值，且有 $Z = R$。整个回路为纯电阻性电路，激励电源的电压与回路的响应电流同相位，回路电流 $I = \dfrac{U_s}{R}$ 为最大值。

（2）$U_L = U_C = QU_s$。

式中，$Q = \dfrac{\omega_0 L}{R} = \dfrac{1}{\omega_0 RC} = \dfrac{\sqrt{L/C}}{R}$，$Q$ 称为电路的品质因数，简称 Q 值，在 L、C 为定值的条件下，Q 值仅由回路电阻的大小决定；U_L、U_C 和 U_s 分别是电感、电容两端电压和电源电压有效值。当 $Q \gg 1$ 时，$U_L = U_C \gg U_s$，将出现过电压现象，此时应注意避免设备绝缘被击穿而损坏。

3. *RLC* 串联电路的频率特性

在串联电路中，回路电流大小、电压与电流之间的相位差随电源频率的改变而改变的特性称为串联电路的频率特性。串联电路的频率特性包含幅频特性和相频特性两种曲线。

1）幅频特性

图 3-93 所示的电路中，电流的有效值为

$$I = \frac{U_s}{\sqrt{R^2 + \left(\omega L - \dfrac{1}{\omega C}\right)^2}} = \frac{U_s}{R\sqrt{1 + Q^2\left(\dfrac{\omega}{\omega_0} - \dfrac{\omega_0}{\omega}\right)^2}}$$

令 $\dfrac{U_s}{R} = I_0$，I_0 称为谐振回路中的响应电流有效值，因此得

$$\frac{I}{I_0} = \frac{1}{\sqrt{1 + Q^2\left(\dfrac{\omega}{\omega_0} - \dfrac{\omega_0}{\omega}\right)^2}}$$

根据上式可以画出 I/I_0 随 ω 变化的通用曲线，如图 3-94 所示，称该曲线为串联谐振电路的幅频特性曲线。当电路的 L 和 C 保持不变时，改变 R 的大小，可以得出不同 Q 值时的幅频特性曲线，显然，Q 值越高，曲线越尖锐，体现了电路中电流有效值随频率变化越显著，具有越强的选择性这一规律，这是频率特性的一种情况。该曲线可以由计算得出，也可以由实验方法测定。

2）相频特性

回路响应电流与激励电压之间的相位差与激励源角频率的关系为

$$\varphi = \arctan \frac{\omega L - \dfrac{1}{\omega C}}{R}$$

可见，φ 也是 ω 的函数，称为该串联电路的相频特性。相频特性是频率特性的另一种情况，绘出的曲线如图 3-95 所示。

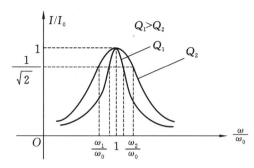

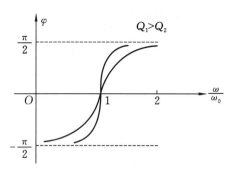

图 3-94　RLC 串联电路的幅频特性 　　　　图 3-95　RLC 串联电路的相频特性

在图 3-94 所示的幅频特性曲线中,当特性的幅值(即电流 I 值)等于最大值的 $\dfrac{1}{\sqrt{2}}$

(70.7%)时,对应的两个频率($\dfrac{\omega_1}{\omega_0}$,$\dfrac{\omega_2}{\omega_0}$)之间的区域称为相对通频带,用 B 表示,有

$$B = \frac{\omega_2}{\omega_0} - \frac{\omega_1}{\omega_0} = \frac{1}{\omega_0}(\omega_2 - \omega_1)$$

Q 值越大,通频带宽度越小,选择性越好,同时说明线圈电阻减小,电路中能量损耗也减少。

4. 并联谐振电路

RLC 并联谐振电路如图 3-96 所示,由图可得入端等效阻抗为

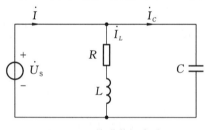

图 3-96　并联谐振电路

$$Z = \frac{\dfrac{L}{C}}{R + j\left(\omega L - \dfrac{1}{\omega C}\right)}$$

谐振时,$\dot{U}_S$ 与 $\dot{I}$ 同相,即当电源角频率 ω 调到 ω_0 时,可以求得谐振频率为

$$\omega_0 L = \frac{1}{\omega_0 C}, \quad \omega_0 = \frac{1}{\sqrt{LC}}$$

或

$$f_0 = \frac{1}{2\pi\sqrt{LC}}$$

5. 并联谐振的特点

(1)当 $\omega = \omega_0$ 时,此时电路的总导纳 Y 最小,而阻抗 $Z = \dfrac{1}{Y}$ 最大。此时电路总电流最小,且与端电压同相位,电路为纯电阻性电路。

(2)当 R 很小时,可以出现 $I_L \approx I_C \gg QI$,即出现过电流现象,要注意防止过电流所导致的器件损坏。

◆　三、实验内容

(1)如图 3-97 所示,$R = 200\ \Omega$,$L = 100\ \text{mH}$,$C = 0.1\ \mu\text{F}$,输入为 $U = 2.0\ \text{V}$(有效值)的正弦波信号。按表 3-20 要求,测量 RLC 串联电路的谐振频率 f_0 和频率特性曲线,并要求在坐标纸上画出频率特性曲线。

（2）图 3-98 是 *RLC* 并联电路实验线路图,测量其电流幅频特性,求出谐振频率 f。
注意:自拟实验步骤和数据表格。

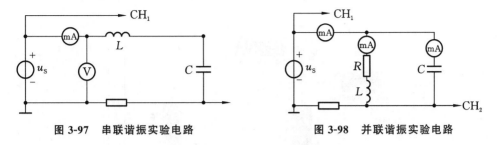

图 3-97　串联谐振实验电路　　　　　图 3-98　并联谐振实验电路

表 3-20　串联谐振电路测量数据

u_s/V	2.0											
f/Hz					f_0							
I_0/mA												
$\varphi(u,I)$												
u_L/V	/	/	/	/	/	/	/	/	/	/	/	/
u_C/V	/	/	/	/	/	/	/	/	/	/	/	/

◆　四、所需仪器设备

（1）双线示波器一台。
（2）函数信号发生器一台。
（3）数字多功能表两只。
（4）实验器件若干。

◆　五、注意事项

（1）测量时,应保证电源电压有效值在不同频率情况下保持 2 V 不变。
（2）电感线圈具有电阻,电路中的 *R* 包含线圈电阻。
（3）并联谐振电路中采样电阻 *r* 应远远小于被测电路的入端阻抗。
（4）实验时先根据电路参数按理论公式计算谐振频率,再通过观察实验现象确定实际谐振频率 f_0,填入表 3-20 中。

◆　六、思考题

（1）在图 3-96 所示的实验电路中,当发生谐振时,是否有 $U_R = U_s$,$U_C = U_L$？若关系不成立,试分析其原因。
（2）可以用哪些实验方法判别电路处于串联或并联谐振状态?

◆　七、Multisim 仿真电路供参考

串联谐振实验电路如图 3-99 所示。

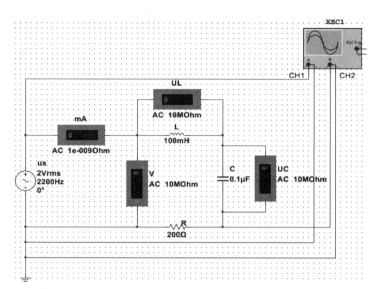

图 3-99　串联谐振实验电路

实验八　三表法测元件参数及功率因数的提高

元件参数是分析交流电路工作性质、功能及效率的重要数据,也是设计出符合工程技术要求的电路的重要条件。因此,掌握测量交流电路中元件参数的技能是非常必要的。

◆　一、实验目的

(1) 了解数字多功能表及调压变压器的基本结构和工作原理,掌握其正确使用方法。
(2) 掌握判定两个耦合线圈的同名端和测量其互感系数及耦合系数的方法。
(3) 掌握用交流电压表、交流电流表和功率表测量元件交流等效参数的方法。
(4) 了解提高线路功率因数的方法。

◆　二、实验原理介绍

1. 用三表法测量交流电路的参数

交流电路中,要知道元件的阻抗值或无源一端口网络的等效阻抗值,可以用交流电压表、交流电流表和功率表分别测出元件(或网络)两端的电压 U、流过的电流 I 和它消耗的有功功率 P 之后通过计算得出,相关关系式为:

$$阻抗的模\,|Z| = \frac{U}{I}$$

$$功率因数\,\lambda = \cos\varphi = \frac{P}{UI}$$

$$等效电阻\,R = \frac{P}{I^2} = |Z|\cos\varphi$$

$$等效电抗\,X = |Z|\sin\varphi$$

这种测量方法简称为三表法,它是测定交流阻抗的基本方法。

2. 判断元件阻抗性质的方法

用三表法测得的 U、I、P 的数值还不能判断被测元件阻抗属于容性还是感性，一般可用下列方法加以确定。

（1）在被测元件两端并接一只适当容量的试验电容器，若电流表的读数增大，则被测元件阻抗为容性；若电流表的读数减小，则被测元件阻抗为感性。

试验电容器的容量 C' 可根据下列不等式选定：

$$B' < |2B|$$

式中 B' 为试验电容的容纳，B 为被测元件的等效电纳。

（2）利用示波器观察阻抗元件的电流及端电压之间的相位关系，若电流超前于电压，则阻抗为容性，若电流滞后于电压，则阻抗为感性。

（3）在电路中接入功率因数表或数字式相位仪，从表上直接读出被测阻抗的 $\cos\varphi$ 值或阻抗角，读数超前为容性，读数滞后为感性。

本实验采用并接试验电容的方法进行判别。

3. 功率表的两种正确接线方法

功率表的两种正确接线方法是电压线圈支路前接法和电压线圈支路后接法，接线图如图 3-100 所示。

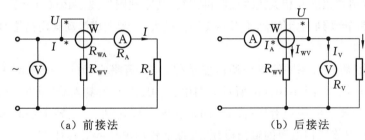

（a）前接法　　　　　　　　　（b）后接法

图 3-100　功率表的两种正确接法

由图 3-100(a)可见，功率表电压线圈两端的电压为（用有效值表示）：

$$U_{wv} = U_L + U_A + U_{wA}$$

其中，U_L 是负载两端的电压，U_A 是电流表线圈两端的电压，U_{wA} 是功率表电流线圈两端的电压。则功率表的读数为

$$P_w = IU_{wv} = P_L + I^2(R_A + R_{wA})$$

产生的误差为

$$\Delta P = I^2(R_A + R_{wA})$$

为减小测量误差，应使 ΔP 越小越好，故这种接法适合于 $R_L \gg R_A + R_{wA}$ 的场合。

由图 3-100(b)可见，I_A 是流过电流表的电流，根据 KCL 定律可知（用有效值表示）：

$$I_A = I_L + I_v + I_{wv} = I_L + U_L\left(\frac{1}{R_v} + \frac{1}{R_{wv}}\right)$$

其中，I_L、I_v、I_{wv} 分别为流经负载、电压表、功率表电压线圈的电流。

则功率表的读数为

$$P_w = I_A \cdot U_L = P_L + U^2\left(\frac{1}{R_v} + \frac{1}{R_{wv}}\right)$$

产生的误差为

$$\Delta P = U^2 \left(\frac{1}{R_v} + \frac{1}{R_{wv}} \right)$$

为减少测量误差,应使 ΔP 越小越好,故这种接法适合于 $R_{wv} \gg R_L$ 和 $R_v \gg R_L$ 的场合。

4. 交流数字多功能表

交流数字多功能表的核心部分是单片机测量小系统,由它控制对输入信号的采样、数据转换及运算,最后将测量值直接用数字显示出来。利用数字多功能表可以对交流电压、交流电流、频率、功率(包括有功功率、无功功率和视在功率)及功率因数进行直接测量,由液晶显示器显示,精度等级为 1.0 级。电压测量范围为 0～500 V,单位为 V;电流测量范围为 0～1 A,单位为 mA;功率的单位为 W。使用交流数字多功能表测量时,必须正确接线,并正确选择测量对象,避免损坏设备。测量功率时尤其要注意正确连接同名端。

5. 调压变压器

调压变压器是常用的电气设备之一,主要用于调节电压,使输出电压的大小满足负载对电压等级的需要。常见的调压变压器有单相和三相两种类型。

1)单相调压器

单相调压器的原方输入电压为交流 220 V,副方输出电压为 0～250 V 可调。使用单相调压器时,应该先看清楚铭牌及相关接线柱后再接线,其原理图如图 3-101(a)所示。通电前必须将调压手柄逆时针转动到起始位置,千万不能用力过大,以免造成滑动碳刷错位而损坏设备。

2)三相调压器

三相调压器是将三台相同的单相调压器重叠起来,再将它们的三个末端采用星形接法连接在一起而组成的,如图 3-101(b)所示。图中,A、B、C、N 为输入端(原方),a、b、c、N' 为输出端(副方)。每相调节电压的滑块(碳刷)固定在同一根转轴上,旋转手柄时可改变滑块的位置,能同时同步调节三相电源的输出电压,并保证输出电压的对称性。

三相调压器的接线端钮较多,接线前要一一核对清楚。根据星形连接的特点,三相调压器的三组末端必须连在一起,即 N 点应与电源的中线即 O 点相接。三相调压器原方输入电压为交流 380 V,副方输出电压为 0～450 V。

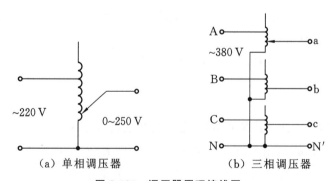

（a）单相调压器　　　　　　（b）三相调压器

图 3-101　调压器原理接线图

3)使用注意事项

使用电压调压器(无论是单相还是三相)时,务必牢记以下注意事项:

① 原方、副方要认清。原方为输入端,副方为输出端。

② 火线、零线要分清。不能接错,尤其要避免短路。

③ 使用时,每次应该从零开始增加电压。因此,接通电源前,切记将调压器的旋转手柄置于零位,使用完毕后,也应随手将手柄调回零位,然后断开电源。接线和拆线均必须在断电情况下进行。

6. 交流电路中同名端的判别和互感的测量

1) 互感元件的同名端

图 3-102(a)展示了两个有磁耦合的线圈,设电流 i_1 从 1 号线圈的 a 端流入,电流 i_2 从 2 号线圈的 c 端流入,由 i_1 产生的且与 2 号线圈交链的互感磁通为 φ_{21} *,i_2 产生的自感磁通为 φ_{22},当 φ_{21} 与 φ_{22} 的方向一致时,互感系数(互感)M 为正,则称 1 号线圈的端钮 a 和 2 号线圈的端钮 c(或 b 和 d)为同名端(对应端),若 φ_{21} 和 φ_{22} 的方向不一致,如图 3-102(b)所示,则端钮 a、c 称为异名端(即 a、d 或 b、c 为同名端)。同名端常用符号"·"或"＊"表示。

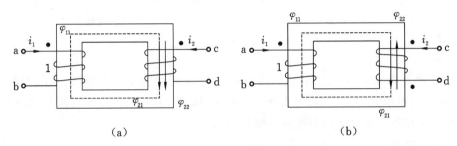

(a)　　　　　　　　　　　　(b)

图 3-102　两个有磁耦合的线圈

同名端取决于两个线圈各自的实际绕向以及它们之间的相对位置。

2) 同名端的判别方法

判别耦合线圈的同名端在理论分析和工程实际中都具有重要意义,例如变压器、电动机的各相绕组,LC 振荡电路中的振荡线圈等都要根据同名端的极性进行连接。实际工作中,对于具有耦合关系的线圈,若无法判别其绕向和相对位置,可以根据同名端的定义,用实验方法加以确定。

常用的判别方法有以下几种。

(1) 直流通断法。

如图 3-103 所示,把线圈 1 通过开关 S 接到直流电源,把一个直流电压表或直流电流表接在线圈 2 的两端。在开关 S 闭合瞬间,线圈 2 的两端将产生一个互感电压,使指针偏转。若指针正向摆动,则与直流电源正极相连的端钮 a 和与电压表或电流表正极相连的端钮 c 为同名端;若指针反向摆动,则 a、c 为异名端。

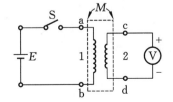

图 3-103　测定互感线圈同名端实验电路

---

* 由于存在漏磁,因此 φ_{21} 是由 i_1 产生的自感磁通 φ_{11} 的一部分。

（2）等效电感法。

设两个耦合线圈的自感分别为 L_1 和 L_2，它们之间的互感为 M。若将两个线圈的非同名端相连，如图 3-104(a) 所示，则称为正向串联，其等效电感为：

$$L_{正串} = L_1 + L_2 + 2M$$

若将两个线圈的同名端相连，如图 3-104(b) 所示，则称为反向串联，其等效电感为：

$$L_{反串} = L_1 + L_2 - 2M$$

显然，等效电抗 $X_{正} > X_{反}$。

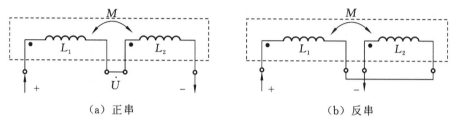

图 3-104　两线圈的接法

利用这种关系，在两个线圈串接方式不同时，加上相同的正弦电压，则正向串联时电流小，反向串联时电流大。同样地，当线圈中流过相同的电流时，正向串联时端口电压高，反向串联时端口电压低。据此可以判断两线圈的同名端。

（3）直接测量法。

用交流电桥或数字万用表直接测量不同串联方式时两耦合电感线圈的等效电感值，可根据测量值的大小判断其同名端。

3）互感 M 的多种测量方法

（1）等效电感法。

用三表法、数字万用表或交流电桥测出两个耦合线圈在正向串联和反向串联时的等效电感 $L_{正}$ 和 $L_{反}$，则

$$M = \frac{L_{正} - L_{反}}{4}$$

这种方法测量的准确度不高，特别当 $L_{正}$ 和 $L_{反}$ 数值比较接近时，互感量的误差较大。

（2）互感电动势法。

图 3-105(a) 所示的测试电路中，若电压表内阻足够大，则有

$$U_2 = E_2 = \omega M I_1$$

即

$$M = \frac{U_2}{\omega I_1}$$

同样，在图 3-105(b) 所示的测试电路中，有

$$M = \frac{U_1}{\omega I_2}$$

可以证明，当测得互感 M 以后，耦合系数 K 可由下式计算：

$$K = \frac{M}{\sqrt{L_1 L_2}}$$

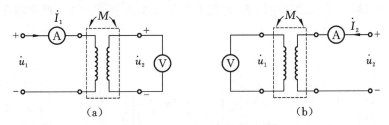

图 3-105　互感电动势法测量互感

其中 K 的大小与线圈的结构及两线圈的相互位置和磁介质有关。

4）空心变压器的反射阻抗

在空心变压器中,次级回路的负载阻抗 Z_L 对初级回路将产生影响,可以借助于反射阻抗 Z_{1r}(又称为反映阻抗或折合阻抗)进行分析,如图 3-106 所示。

由图 3-106(b)所示电路可以看出,输入端等效阻抗为

$$Z_{1n} = \frac{\dot{U}_1}{\dot{I}_1} = Z_{11} + Z_{1r}$$

式中,Z_{1r} 为反射阻抗,它只与空心变压器次级回路的阻抗及互感抗有关,即

$$Z_{1r} = \frac{(\omega M)^2}{R_2 + jX_2 + Z_L}$$

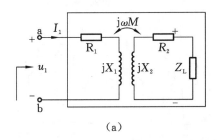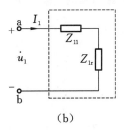

图 3-106　空心变压器电路

若将 Z_{1r} 的实、虚部分开,化简便有

$$Z_{1r} = \frac{(\omega M)^2}{R_2 + jX_2 + R_L + jX_L}$$
$$= \frac{XM^2}{(R_2 + R_L) + j(X_2 + X_L)}$$
$$= R_{1r} + jX_{1r}$$

其中:$R_{1r} = \frac{XM^2}{R_{22}^2 + X_{22}^2} \cdot R_{22}$,为反射电阻,其值始终为正。式中的 $R_{22} = R_2 + R_L$ 为等效电阻,$X_{22} = X_2 + X_L$ 为等效电抗。

$X_{1r} = -\frac{XM^2}{R_{22}^2 + X_{22}^2} \cdot X_{22}$ 为反射电抗与次级回路的等效电抗,与 X_{22} 互为异号,即 X_{22} 为感性时,X_{1r} 为容性;X_{22} 为容性时,X_{1r} 为感性。

◆　三、实验内容

（1）判别耦合线圈的同名端。

按图 3-107 接线,分别读取电压表、电流表数值并填入表 3-21 中,判别耦合线圈 L_1、L_2 的同名端。

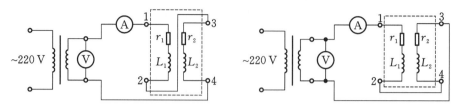

图 3-107　耦合线圈同名端判别

表 3-21　电压表、电流表数值

接线	U/V	I/mA
2—3		
2—4		

根据表 3-21 数据判断哪两个端钮是同名端,说明理由。

(2)分别测出两个耦合线圈串联和并联时的交流等效参数。

按图 3-108 所示电路正确接线,测出两个耦合线圈串联和并联时的 U、I、P 数据并填入表 3-22 中,计算电路的交流等效参数。

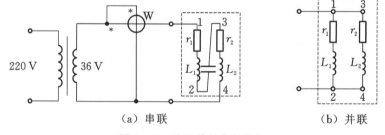

（a）串联　　　　（b）并联

图 3-108　交流等效参数测量

表 3-22　交流等效参数测量值及计算值

被测元件连接方式	测量值			计算值			
	U/V	I/A	P/W	$\cos\varphi$	$\lvert Z\rvert/\Omega$	R/Ω	X/Ω
串联							
并联							

(3)感性负载电路功率因数提高的研究。

按图 3-109 所示实验电路接线,按表 3-23 要求在感性负载电路两端并接不同容量的电容,测量相对应的 I、P 和 $\cos\varphi$ 值并填入表中,分析提高感性负载电路功率因数的方法。

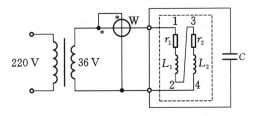

图 3-109　功率因数提高电路

表 3-23　不同电容对应的 I、P、$\cos\varphi$ 值

$C/\mu F$	0	2	4	6	8	10
I/mA						
P/W						
$\cos\varphi$						

对以上数据进行认真分析,得出正确的结论。

*（4）用两种方法测量线圈 1 和线圈 2 之间的互感 M 并验证 $M_{12}=M_{21}$,测试线路、数据表格和测试步骤自拟。

◈　四、所需仪器设备

（1）变压器一台。

（2）自感线圈一套。

（3）多功能交流表两个。

（4）器件若干。

◈　五、注意事项

（1）使用 220 V 交流电源,注意安全用电。

（2）判定耦合线圈同名端时,使用降压变压器 220 V/15 V 供电。

（3）测等效参数和研究功率因数如何提高时,使用 220 V/36 V 供电。

（4）注意指针式和数字式交流仪表的正确接线。

◈　六、思考题

（1）鼠笼式感应电动机有三个绕组、六个出线端,应如何判断其同名端?

（2）为什么提高感性负载电路的功率因数往往采用在负载两端并接电容的方法? 应注意哪些问题?

（3）等效交流参数的测量中如何减少测量误差的产生?

◈　七、Multisim 仿真电路供参考

（1）判别耦合线圈的同名端的参考电路图如图 3-110 所示。

（2）测量两个耦合线圈串联和并联时的交流等效参数参考电路图如图 3-111、图 3-112 所示。

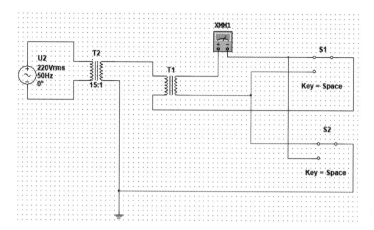

图 3-110　判别耦合线圈的同名端的参考电路图

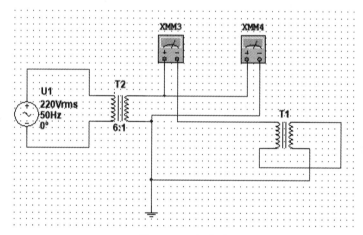

图 3-111　串联时

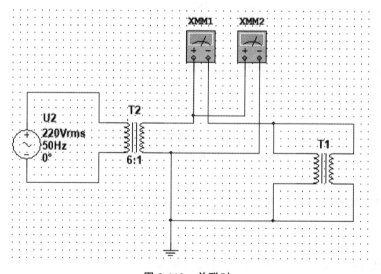

图 3-112　并联时

（3）提高感性负载电路功率因数的参考电路如图 3-113 所示。

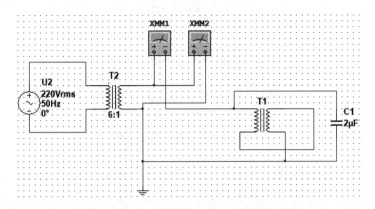

图 3-113　提高感性负载电路功率因数的参考电路

实验九　三相电路中的电压、电流关系

发电厂将发出的电能通过输电线路传送到工矿企业和居民区。如何安全、可靠、高效地传输和使用电能，是我们必须了解的。不同的供电方式和作为负载的用电器连接方式，以及采用不同连接方式时电路中线电压与相电压、线电流与相电流之间的关系是我们必须掌握的基本知识。

◆　一、实验目的

（1）了解三相电源、三相负载做星形或三角形连接的方法和特点。

（2）研究三相负载做星形连接时，在负载对称和不对称以及有中线和无中线的情况下相电压和线电压的关系。牢固掌握中线的作用，加深对中性点偏移的认识。

（3）研究三相负载做三角形连接时，在对称和不对称的情况下相电流与线电流的关系。

（4）学习测定相序的方法。

◆　二、实验原理介绍

1. 三相电路的连接方式

三相电路中电源和负载均有星形连接和三角形连接两种连接方式。当负载做星形连接时，根据需要可以采用三相三线制和三相四线制两种供电形式；当负载做三角形连接时，三相电路只有三相三线制一种形式。三相电路中的负载有对称或不对称两种情况。本实验研究在三相电源对称且为星形连接、三相负载做星形连接和三角形连接时电路的工作情况。

2. 星形连接的三相三线制电路

负载做星形连接时，其三相三线制电路如图 3-114 所示。当负载对称，即 $Z_A = Z_B = Z_C$ 时，星形负载的相电流、相电压、线电压均对称，且线电压的有效值 U_L 是相电压有效值 U_{ph} 的 $\sqrt{3}$ 倍，即 $U_L = \sqrt{3} U_{ph}$。此时电源中性点 O 和负载中性点 O′ 为等位点，即 $U_{OO'} = 0$。

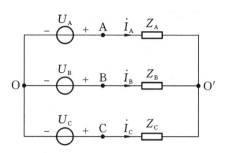

图 3-114　星形连接的三相三线制电路

若三相星形负载不对称,则负载线电压仍对称,但负载相电流、相电压不再对称,负载线电压 U_L 为相电压 U_{ph} 有效值 $\sqrt{3}$ 倍的关系不复存在,两中性点 O 和 O′不为等位点,$U_{OO'} \neq 0$,称中性点发生位移。此时负载端的各相电压不再对称,其数值可以通过计算得到或通过实验测得。

3. 位形图

位形图是电压相量图的一种特殊形式,其特点是图形上的点与电路图上的点一一对称。图 3-115(a)是对应于图 3-114 所示的星形连接的三相三线制电路的位形图。图中 U_{AB} 代表电路中从 A 点到 B 点的电压相量,U_A 代表电路中 A 点到 O′点之间的电压相量。在三相负载对称时,位形图中负载中性点 O′与电源中性点 O 重合(见图 3-115(a)),负载不对称时,虽然线电压仍对称,但负载的相电压不再对称,负载的中性点 O′发生位移,见图 3-115(b)中的 $U_{OO'}$。

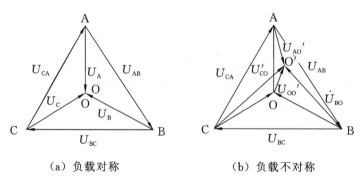

（a）负载对称　　　　　　　（b）负载不对称

图 3-115　星形连接的三相三线制电路的位形图

4. 三相四线制电路

在图 3-114 所示电路的两中性点 O 和 O′之间连接一根导线(中线),则成为三相四线制电路。当负载对称时,电路的情况和对称的三相三线制相同,即相电压、线电压、相电流均对称,且中线电流为零;若负载不对称,则负载相电压、线电压仍对称,但相(线)电流不对称,且中线电流不为零。

5. 三角形连接的三相电路

在负载做三角形连接时,若负载对称,则负载相电流、线电流对称,且线电流的有效值 I_L 是相电流有效值 I_{ph} 的 $\sqrt{3}$ 倍,即 $I_L = \sqrt{3} I_{ph}$。在负载不对称时,线电流不再对称,线电流和相电流有效值之间不再存在$\sqrt{3}$倍的关系。

6. 三相电路的相序

三相电源有正序、逆序(负序)和零序等三种相序。通常情况下,三相电路是正序系统,即相序为 A—B—C 的顺序。实际工作中常需要确定相序,即在已知三相电路是正序系统的情况下,指定某相电源为 A 相,判断另外两相中哪一相为 B 相,哪一相为 C 相。相序可用专门的相序仪测定,也可用图 3-116 所示的电路确定。在此电路中,一个电容器与另外两个瓦数相同的灯泡接成星形负载。由于是不对称负载,负载的中性点发生位移,负载各相电压不对称。若指定电容所在相为 A 相,则灯泡较亮的相为 B 相,灯泡较暗的相为 C 相。

7. 三相调压器

本实验中要使用三相调压器。该设备是由三台相同的单相调压器在星形连接方式下组成的,其原理电路如图 3-117 所示,图中 A、B、C、O 为调压器的输入端(原边),a、b、c、O′为输出端(副边)。每相调节电压的滑块固定在同一根转轴上,旋转手柄(即改变滑块位置)时,能同时调节副边的三相输出电压,并保证三相电压的对称性。

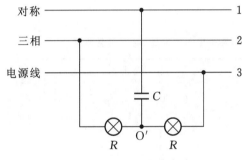

图 3-116 测定相序的电路

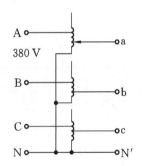

图 3-117 三相调压器电路原理图

三相调压器的连线端钮较多,接线时务必核对清楚,不可弄错。连线时,三个输入端 A、B、C 连向三相电源,三个输出端 a、b、c 连向负载,调压器的两个中性点 O、O′需连在一起并和电源的中线相接。在合上和断开三相电源前,调压器的手柄位置需回零。

三、实验内容

1. 三相电源相序的测定

按图 3-116 所示电路接线,测定对称三相电源 1、2、3 的相序。负载 Z_1、Z_2、Z_3 为测定相序用的电容、电阻(灯泡)元件,测量时使负载端线电压保持在 220 V。负载电压测量数据及相序判断结果记录于表 3-24 中。

表 3-24 测定相序的数据及结果

U_{Z_1}/V	U_{Z_2}/V	U_{Z_3}/V	电源 1	电源 2	电源 3
			( )相	( )相	( )相

2. 三相负载星形连接电路中电压、电流的测量

实验电路如图 3-118 所示。保持三相调压器输出线电压为给定值 220 V,负载端的线电压、相电压用电压表测量,各相电流用电流表测量。将所测数据填入表 3-25 中,在报告中分析测量的数据并得出相应结论。(电压表与电流表均采用交流多功能表,切换使用)

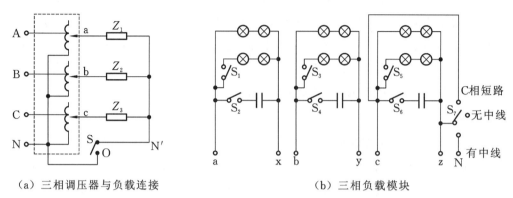

（a）三相调压器与负载连接　　　　　（b）三相负载模块

图 3-118　三相负载星形连接电路中电压、电流的测量

注:每相负载由 4 个 40 W 白炽灯两两串联后再并联,再与 1 个 2 μF 油浸电容并联而成。

表 3-25　三相负载星形连接电路中电压、电流测量数据

实验内容		待测数据										
		U_{ab}/V	U_{bc}/V	U_{ca}/V	U_{aO}/V	U_{bO}/V	U_{cO}/V	U_{ON}/V	I_a/mA	I_b/mA	I_c/mA	I_O/mA
负载对称	有中线											
	无中线											
负载不对称	有中线											
	无中线											
A 相开路	有中线											
	无中线											
C 相短路	无中线											

3. 三相负载三角形连接电路中电压、电流的测量

测量三相负载为三角形连接时,负载在对称和不对称情况下的线(相)电压和线(相)电流。自行拟定实验线路、实验步骤以及数据记录表格,对所测数据进行分析并得出结论。

◆　**四、所需仪器设备**

(1) 三相电源。

(2) 三相调压器一台。

(3) 多功能交流表两台。

(4) 三相负载实验装置一套。

◈ 五、注意事项

(1) 三相调压器接线端钮较多,注意分清输入端与输出端的连接方式及连接对象。调压器的中点 O 须与电源中性点 N 和实验板上负载中性点 N′ 相连接(三相负载末端 X、Y、Z 用导线连接成 O′)。

(2) 在合上和断开电源前,调压器的手柄应回到零位。

(3) 注意实验模板上各个开关的作用和正确接法。

(4) 本实验中三相电源电压较高,必须严格遵守安全操作规程,确保人身和设备安全。

◈ 六、思考题

(1) 说明三相四线制电路中中线的作用。为什么中线上不允许装保险丝?

(2) 若每相负载为单个灯泡,为什么采用星形接法时要限定负载端的线电压不能超过 220 V?

(3) 做一相短路实验时,对应的是否为三相四线制电路?为什么?

◈ 七、Multisim 仿真电路供参考

三相负载星形连接的仿真实验电路如图 3-119 所示。

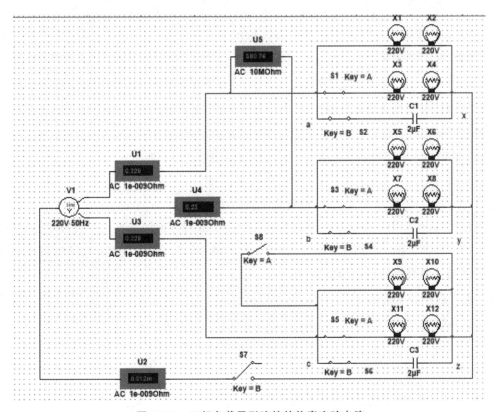

图 3-119 三相负载星形连接的仿真实验电路

实验十　三相电路功率的测量

电功率表示单位时间内电做了多少功,简称功率。供电部门对用户收缴电费,就是通过抄表(或遥测)对用户消耗的电功率进行统计后收费,一般家庭用电设备属于单相供电,而工矿企业则属于三相供电。对功率的测量是我们应该掌握的基本测量技能。

◆　一、实验目的

(1)学习三相三线制和三相四线制电路功率的测量方法。
(2)熟悉对称三相电路无功功率的测量方法。

◆　二、实验原理介绍

1. 功率测量

根据电动式单相功率表的基本原理,在测量交流电路中负载所消耗的功率(图 3-120)时,其示值 P 取决于下式:

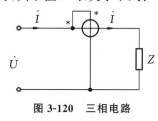

图 3-120　三相电路

$$P = UI\cos\varphi$$

式中,U 为功率表电压线圈所跨接的电压;I 为流过功率表电流线圈的电流;φ 为 $\dot{U}$ 和 $\dot{I}$ 之间的相位差角。

三相电路的功率一般可用三相功率表测量。单相功率表也可以用来测量三相电路的功率,只是各功率表应采取适当的接法。

2. 三相四线制电路功率的测量

对于三相四线制电路,一般情况下用三个功率表测量其功率,称为三瓦计法,测量电路如图 3-121 所示。三相负载的总功率为三个功率表的读数之和,即

$$P = P_A + P_B + P_C$$

式中,P_A、P_B、P_C分别为 A、B、C 三相负载消耗的功率。

除此之外,也可用一个功率表分别测量各相的功率后再相加。当三相负载对称时,可只用一个功率表测量任一相的功率,再将功率表的示值乘以三,即得三相电路的总功率。

3. 三相三线制电路功率的测量

三相三线制包括星形连接和三角形连接两种电路形式。通常采用两个功率表测量三相三线制电路的功率,称为两瓦计法,测量电路如图 3-122 所示。

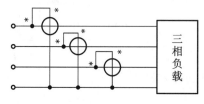

图 3-121　三相四线制电路功率的测量

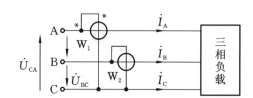

图 3-122　三相三线制电路功率的测量

三相负载的总功率 P 为两个功率表示值的代数和,这是因为三相三线制电路中有 $I_A+I_B+I_C=0$,即 $I_C=-I_A-I_B$,代入上式,有

$$P=P_A+P_B+P_C=U_AI_A+U_BI_B+U_CI_C=U_{AC}I_A\cos\varphi_1+U_{BC}I_B\cos\varphi_2=P_1+P_2$$

式中,φ_1 为 $\dot{U}_{AC}$ 和 $\dot{I}_A$ 间的相位差角,φ_2 为 $\dot{U}_{BC}$ 和 $\dot{I}_B$ 间的相位差角。

4. 关于两瓦计法的说明

(1) 只要是三相三线制电路,无论是星形连接还是三角形连接,也不论负载是否对称,均可采用两瓦计法测量三相负载功率。

(2) 采用两瓦计法时,三相负载总功率为两功率表示值的代数和。实际测量时,在某些情况下某个功率表的示值可能为负值。

(3) 若用指针式功率表测量时出现指针反向偏转的情况,则应将功率表的电流线圈(或电压线圈)的两个端钮接线对换,使指针正向偏转,以便于读数,但读数应取负值。有的功率表上带有标示"+""−"号的换向开关,将此开关由"+"拨向"−"的位置便将功率表内的电压线圈反向连接,从而使指针改变偏转方向。

(4) 图 3-122 所示的电路只是两瓦计法的接线方式之一,一般接线原则如下。

① 两个功率表的电流线圈分别串接于任意两相端线中,电流线圈带"﹡"号的一端须接在电源侧。

② 两个功率表的电压线圈带"﹡"号的一端须接至电流线圈的任一端,而电压线圈的非"﹡"号端必须同时接到未接功率表电流线圈的第三相的端线上。

5. 对称三相电路无功功率的测量方法

对于三相三线制的对称三相电路,可用两种方法测量其无功功率。

(1) 用两瓦计法测量无功功率。

按两瓦计法将两个功率表接入电路,测得示值 P_1 和 P_2 后,由下述算式求得负载的无功功率 Q 和负载的功率因数角 φ:

$$Q=\sqrt{3}(P_1-P_2),$$

$$\varphi=\arctan\left[\sqrt{3}\left(\frac{P_1-P_2}{P_1+P_2}\right)\right]$$

(2) 用一个功率表测量无功功率。

将一个功率表按图 3-123 所示接入对称三相三线制电路,则三相负载的无功功率为

$$Q=\sqrt{3}P$$

式中,P 为功率表的示值。当负载为感性时,功率表正向偏转;当负载为容性时,功率表反向偏转(示值取负值)。

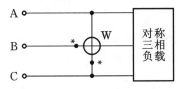

图 3-123　测量对称三相电路无功功率的电路

图 3-123 所示的电路只是这种测量方法的接线方式之一。一般的接线方式是,将功率表的电流线圈串接于任一组的端线中(图中为 B 相),电流线圈的"﹡"端接于电源侧,而电压线圈跨接于另外两相的端线之间,且电压线圈的"﹡"端应按正相序接至串接电流线圈所在

相下一相的端线上(图中为 C 相)。

三、实验内容

做本实验前必须预先设计好接线图和数据记录表格,经教师检查通过后才能进行实验。

(1)测量三相四线制电路中负载的有功功率。

① 根据图 3-121 的原理,分别用一瓦计法和两瓦计法测量对称电阻性负载的有功功率。

② 先用三瓦计法或一瓦计法测量不对称电阻性负载的有功功率,再按两瓦计法接线和测量三相功率,并与三瓦计法的测量结果进行比较。

(2)测量三相三线制电路中负载的有功功率。

① 按图 3-122 接线,用两瓦计法分别测量对称和不对称电阻性负载的有功功率。

② 用两瓦计法测量对称容性负载的有功功率。

③ 用实验室给定的三相对称负载,或自行改变电感值或电容值,使两个功率表其中一个的示值为负,测量并计算此时三相负载的有功功率和功率因数。

(3)测量对称三相三线制电路中负载吸收的无功功率。

① 按图 3-122 接线,利用两瓦计法测量对称容性负载的无功功率。

② 按图 3-123 接线,用一个功率表测量上述对称容性负载的无功功率,并与两瓦计法的测量结果进行比较。

四、所需仪器设备

(1)三相电源。

(2)三相调压器一台。

(3)多功能交流表两台。

(4)三相负载实验装置一套。

五、注意事项

(1)注意三相调压器的正确接线及操作方法。

(2)注意功率表的正确接线和读数方法以及恰当选择电压量程和电流量程。

(3)负载端的线电压不得超过给定值。

(4)用一个功率表测量无功功率时,必须先测定三相电源相序。

六、思考题

(1)用两瓦计法测量三相纯电阻性负载的有功功率时,功率表的示值会出现负值吗?为什么?

(2)测量线路如图 3-124 所示,试证明当三相电路对称时,三相负载消耗的有功功率为开关 S 分别置于位置"1"和"2"时功率表的示值之和。

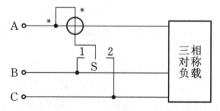

图 3-124 对称三相三线制电路有功功率的测量线路

（3）两瓦计法是否一定能用于三相四线制电路？为什么？

◆ 七、Multisim 仿真电路供参考

（1）一瓦计法参考电路如图 3-125 所示。

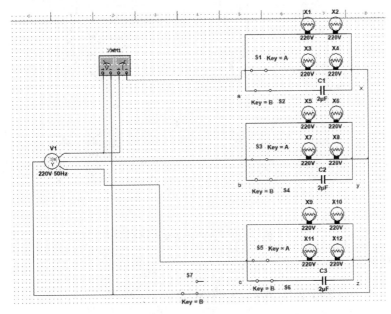

图 3-125　一瓦计法参考电路

（2）两瓦计法参考电路如图 3-126 所示。

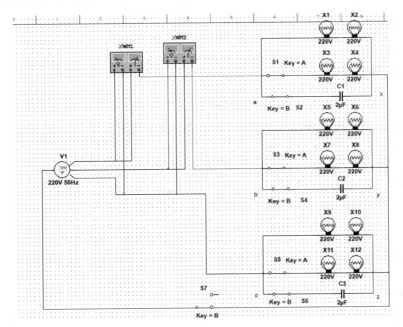

图 3-126　两瓦计法参考电路

（3）三瓦计法参考电路如图 3-127 所示。

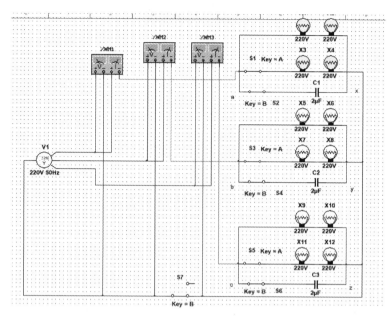

图 3-127　三瓦计法参考电路

实验十一 单相铁芯变压器特性的测试

◆ 一、实验目的

（1）通过测量，计算变压器的各项参数。

（2）学会测绘变压器的空载特性与外特性。

◆ 二、实验原理介绍

（1）图 3-128 为测试变压器参数的电路。由各仪表读得变压器原边（AX，低压侧）的 U_1、I_1、P_1 及副边（ax，高压侧）的 U_2、I_2，并用万用表 $R \times 1$ 挡测出原、副绕组的电阻 R_1 和 R_2，即可算得变压器的以下各项参数值：

电压比 $K_U = \dfrac{U_1}{U_2}$，电流比 $K_I = \dfrac{I_1}{I_2}$。

原边阻抗 $Z_1 = \dfrac{U_1}{I_1}$，副边阻抗 $Z_2 = \dfrac{U_2}{I_2}$，阻抗比 $= \dfrac{Z_1}{Z_2}$。

负载功率 $P_2 = U_2 I_2 \cos\varphi_2$，损耗功率 $P_0 = P_1 - P_2$，功率因数 $= \dfrac{P_1}{U_1 I_1}$。

原边线圈铜耗 $P_{Cu1} = I_1^2 R_1$，副边铜耗 $P_{Cu2} = I_2^2 R_2$，铁耗 $P_{Fe} = P_0 - (P_{Cu1} + P_{Cu2})$。

（2）铁芯变压器是一个非线性元件，铁芯中的磁感应强度 B 取决于外加电压的有效值 U。当副边开路（即空载）时，原边的励磁电流 I_{10} 与磁场强度 H 成正比。在变压器中，副边空载时，原边电压与电流的关系称为变压器的空载特性，这与铁芯的磁化曲线（B-H 曲线）是一致的。

空载实验通常将高压侧开路，由低压侧通电进行测量，又因空载时功率因数很低，故测

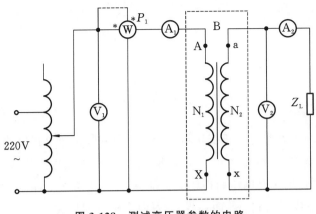

图 3-128　测试变压器参数的电路

量功率时应采用低功率因数瓦特表。此外,因变压器空载时阻抗很大,故电压表应接在电流表外侧。

（3）变压器外特性测试。

为了满足三组灯泡负载额定电压为 220 V 的要求,故以变压器的低压（36 V）绕组作为原边,220 V 的高压绕组作为副边,即当作一台升压变压器使用。

在保持原边电压 U_1（=36 V）不变时,逐次增加灯泡负载（每只灯为 25 W）,测定 U_1、U_2、I_1 和 I_2,即可绘出变压器的外特性曲线,即负载特性曲线 $U_2 = f(I_2)$。

◈　三、实验内容

（1）用交流法判别变压器绕组的同名端。

（2）按图 3-128 所示线路接线。其中 AX 为变压器的低压绕组,ax 为变压器的高压绕组。电源经屏内调压器接至低压绕组,高压绕组 220V 接 Z_L（即 25 W 的灯组负载,3 只灯泡并联）,经指导教师检查后方可进行实验。

（3）将调压器手柄置于输出电压为零的位置（逆时针旋到底）,合上电源开关,并调节调压器,使其输出电压为 36 V。令负载开路并逐次增加负载（最多亮五只灯泡）,分别记下五个仪表的读数,记入自拟的数据表格,绘制变压器外特性曲线。实验完毕后将调压器调回零位,断开电源。

当负载为四只及五只灯泡时,变压器已处于超载运行状态,很容易烧坏。因此,测试和记录应尽量快,总共不应超过三分钟。实验时,可先将五只灯泡并联安装好,断开控制每只灯泡的相应开关,通电且电压调至规定值后,再逐一打开各灯的开关,并记录仪表读数。待开五只灯的数据记录完毕后,立即用相应的开关断开各灯。

（4）将高压侧（副边）开路,确认调压器置于零位后,合上电源,调节调压器输出电压,使 U_1 从零逐次上升到 1.2 倍的额定电压（1.2×36 V）,分别记下各次测得的 U_1、U_{20} 和 I_{10} 数据,记入自拟的数据表格,用 U_1 和 I_{10} 绘制变压器的空载特性曲线。

◈　四、所需仪器设备

（1）交流电压表一只。

（2）交流电流表一只。

（3）单相功率表一只。

（4）试验变压器一台。

（5）自耦调压器一台。

（6）白炽灯五只。

◆ 五、注意事项

（1）本实验将变压器作为升压变压器使用，并用调节调压器提供原边电压 U_1，故使用调压器时应首先调至零位，然后才可合上电源。此外，必须用电压表监视调压器的输出电压，防止被测变压器输出过高电压而损坏实验设备，且要注意安全，以防高压触电。

（2）由负载实验转到空载实验时，要注意及时变更仪表量程。

（3）遇异常情况，应立即断开电源，待处理好故障后，再继续实验。

◆ 六、思考题

（1）为什么本实验将低压绕组作为原边进行通电实验？此时，在实验过程中应注意什么问题？

（2）为什么变压器的励磁参数一定要在空载实验加额定电压的情况下求出？

◆ 七、实验报告

（1）根据实验内容，自拟数据表格，绘出变压器的外特性和空载特性曲线。

（2）根据额定负载时测得的数据，计算变压器的各项参数。

（3）计算变压器的电压调整率（$\Delta U\% = \dfrac{U_{20} - U_{2N}}{U_{20}} \times 100\%$）。

（4）心得体会及其他。

实验十二 三相鼠笼式异步电动机点动控制和自锁控制

◆ 一、实验目的

（1）通过对三相鼠笼式异步电动机点动控制和自锁控制线路的实际安装与接线，掌握将电气原理图变换成安装接线图的知识。

（2）通过实验，进一步加深理解点动控制和自锁控制的特点。

◆ 二、实验原理介绍

（1）继电-接触控制在各类生产机械中获得了广泛应用，凡是需要进行前后、上下、左右、进退等运动的生产机械，均采用传统、典型的正反转继电-接触控制系统。

交流电动机继电-接触控制电路的主要设备是交流接触器，其主要构造为：

① 电磁系统——铁芯、吸引线圈和短路环。

② 触头系统——主触头和辅助触头，还可按吸引线圈得电前后触头的动作状态，分动

合(常开)、动断(常闭)两类。

③ 消弧系统——在切断大电流的触头上装有灭弧罩,以迅速切断电弧。

④ 接线端子、反作用弹簧等。

(2) 在控制回路中常采用接触器的辅助触头来实现自锁和互锁控制。要求接触器线圈得电后能自动保持动作后的状态,这就是自锁。通常用接触器自身的动合触头与启动按钮相并联来实现自锁,以保证电动机长期运行,其中动合触头称为"自锁触头"。要求两个电器不能同时得电动作,当其中一个动作时另一个必须不动作,称为互锁控制,如为了避免正、反转两个接触器同时得电而造成三相电源短路事故,必须增设互锁控制环节。为了操作方便,也为了防止因接触器主触头长期大电流的烧蚀而偶发触头粘连后造成的三相电源短路事故,通常在具有正、反转控制的线路中既有接触器的动断辅助触头的电气互锁,又有复合按钮机械互锁的双重互锁控制环节。

(3) 控制按钮通常用作短时接通、断开小电流控制回路的开关,以实现电动机等执行部件的起、停或正、反转控制。按钮是专供人工操作使用的。对于复合按钮,其触点的动作规律是:当按下时,动断触头先断,动合触头后合;当松手时,动合触头先断,动断触头后合。

(4) 在电动机运行过程中,应对可能出现的故障进行防护。

采用熔断器做短路保护,当电动机或电器发生短路时,及时熔断熔体,达到保护线路、保护电源的目的。熔体熔断时间与流过熔体的电流的关系称为熔断器的保护特性,这是选择熔体的主要依据。

采用热继电器实现过载保护,使电动机免受长期过载的危害。热继电器主要的技术指标是整定电流值,即电流超过此值的 20% 时,动断触头应能在一定时间内断开,切断控制回路,动作后只能由人工进行复位。

(5) 在电气控制线路中,最常见的故障多发生在接触器上。接触器线圈的电压等级通常有 220 V 和 380 V 等,使用时必须认清,切勿疏忽。电压过高易烧坏线圈,而电压过低,吸力不够,接触器不易吸合或吸合频繁,不但会产生很大的噪声,也会导致磁路气隙增大,从而使得电流过大,也易烧坏线圈。此外,在接触器铁芯的部分端面嵌装有短路铜环,其作用是使铁芯吸合牢靠,消除振动与噪声,若发生短路环脱落或断裂,接触器将会产生很大的振动与噪声。

◆ 三、实验内容

认识各电器的结构、图形符号、接线方法;抄录电动机及各电器铭牌数据;并用万用电表欧姆挡检查各电器线圈、触头是否完好。鼠笼机采用三角形接法,实验线路电源端接三相自耦调压器输出端 U、V、W,供电线电压为 220 V。

1. 点动控制

按图 3-129 所示的点动控制线路进行接线,接线时,先接主电路,即从 220 V 三相交流电源的输出端 U、V、W 开始,经接触器 KM 的主触头、热继电器 FR 的热元件到电动机 M 的三个线端 A、B、C,将其用导线按顺序串联起来。主电路连接完毕且检查无误后,再连接控制电路,即从 220 V 三相交流电源某输出端(如 V)开始,经过常开按钮 SB1、接触器 KM 的线圈、热继电器 FR 的常闭触头到三相交流电源另一输出端(如 W)。显然这是对接触器 KM 线圈供电的电路。

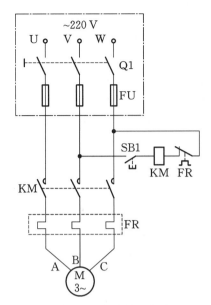

图 3-129　点动控制线路

接好线路,经指导教师检查后,方可进行通电操作。

(1) 开启控制屏电源总开关,按启动按钮,调节调压器输出,使输出线电压为 220 V。

(2) 按启动按钮 SB1,对电动机 M 进行点动操作,比较按下 SB1 与松开 SB1 时电动机和接触器的运行情况。

(3) 实验完毕,按控制屏停止按钮,切断实验线路的三相交流电源。

2. 自锁控制

按图 3-130 所示的自锁控制线路进行接线。图 3-130 与图 3-129 的不同之处在于控制电路中多串联一只常闭按钮 SB2,同时在 SB1 上并联一只接触器 KM 的常开触头,该触头起自锁作用。接好线路,经指导教师检查后,方可进行通电操作。

(1) 按控制屏启动按钮,接通 220 V 三相交流电源。

(2) 按启动按钮 SB1,松手后观察电动机 M 是否继续运转。

(3) 按停止按钮 SB2,松手后观察电动机 M 是否停止运转。

(4) 按控制屏停止按钮,切断实验线路三相电源,拆除控制回路中的自锁触头 KM,再接通三相电源,启动电动机,观察电动机及接触器的运转情况,从而验证自锁触头的作用。

实验完毕,将自耦调压器调回零位,按控制屏停止按钮,切断实验线路的三相交流电源。

◆ **四、所需仪器设备**

(1) 三相交流电源一台。

(2) 三相鼠笼式异步电动机一台。

(3) 交流接触器一只。

(4) 按钮两个。

(5) 热继电器一个。

(6) 交流电压表一只。

(7) 万用表一只。

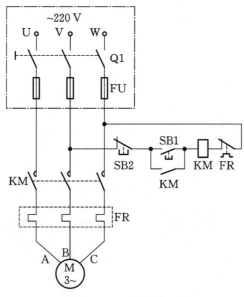

图 3-130　自锁控制线路

◆ 五、注意事项

（1）接线时合理安排挂箱位置，接线要求牢靠、整齐、清楚、安全可靠。

（2）操作时要胆大、心细、谨慎，不许用手触及各电器元件的导电部分及电动机的转动部分，以免触电及意外损伤。

（3）观察继电器动作情况时，要注意安全，禁止碰触带电部位。

◆ 六、思考题

（1）点动控制线路与自锁控制线路从结构上看主要区别是什么？从功能上看主要区别是什么？

（2）自锁控制线路在长期工作后可能失去自锁作用，试分析原因。

（3）交流接触器线圈的额定电压为 220 V，若误接到 380 V 电源上会产生什么后果？反之，若接触器线圈的额定电压为 380 V，而电源线电压为 220 V，其结果又如何？

（4）在主回路中，熔断器和热继电器的热元件可否少用一只或两只？若只采用熔断器和热继电器的其中一种，可否起到短路和过载保护作用？为什么？

第四章

实验仪器仪表介绍

电工测量离不开电工仪表和电子仪器的使用。这些测量设备的基本结构、工作原理、正确选择与使用方法,每位测量人员都必须有所了解和掌握,并能较好地加以运用。本章将对相关知识进行介绍。

4.1　数字式仪表

数字式仪表有数字电压表、电流表、功率表、电感表、万用表等。

1. 数字式仪表结构方框图

数字式仪表是利用模/数(A/D)转换器和数码显示器(LCD、LED)将被测的数据直接用数字形式显示出来的一种电子测量仪表。其结构框图如图 4-1 所示。

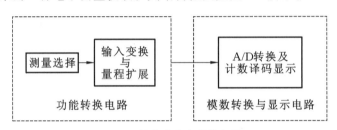

图 4-1　数字式仪表结构框图

可见,一般数字式仪表由两大部分组成:一是功能转换电路,二是模数转换与显示电路。

2. 数字式仪表的特点

(1) 采用数字显示,直观准确,具有极性自动显示功能。

(2) 测量精度和分辨率高,功能齐全。

(3) 输入阻抗高,对被测电路影响小。

(4) 电路集成度高,产品一致性好,可靠性强。

(5) 保护功能齐全,有过流、过压、过载保护功能。

(6) 功耗低,抗干扰能力强。

3. 数字万用表

数字万用表是数字式仪表中最常见和常用的仪表之一。

图 4-2 是 VC9205 数字万用表的实物照片。

图 4-2　VC9205 数字万用表

1) 判断数字万用表显示位数的原则

数字万用表的显示位数一般有 $3\frac{1}{2}$ 位、$3\frac{2}{3}$ 位、$3\frac{3}{4}$ 位、$4\frac{1}{2}$ 位、$4\frac{3}{4}$ 位、$5\frac{1}{2}$ 位、$6\frac{1}{2}$ 位、$7\frac{1}{2}$ 位和 $8\frac{1}{2}$ 位 9 种。显示位数包含整数位和分数位两部分。数字万用表中显示位数的判断原则如下。

a. 仪表中能显示 0~9 中所有数字的位是整数位。

b. 分数位的数值以最大显示值中最高位的数字为分子,以满量程时最高位的数字为分母。

例如:某数字万用表最大显示值为 ±1999,满量程计数值为 2000,这说明该表有 3 个整数位,故整数位为 3;而分数位的分子为 1,分母为 2,所以称该表为 $3\frac{1}{2}$ 位,也称三位半万用表。若某数字万用表最大显示值为 39999,满量程计数值为 40000,则该表称为 $4\frac{3}{4}$ 位万用表。

2)数字万用表的组成与工作原理

数字万用表主要由三部分组成。第一部分是基本测试及显示部分,由双积分 A/D 转换器(模拟量转换为数字量)和三位半 LCD 显示屏构成量程为 200 mV 的直流数字电压表;第二部分是被测量的输入、变换及量程扩展电路,由分压器、电流/电压变换器、交流/直流变换器、电阻/电压变换器、电容/电压变换器,晶体管测量电路等组成。第三部分是由波段开关构成的测量选择电路。图 4-3 是一种三位半数字万用表原理框图。

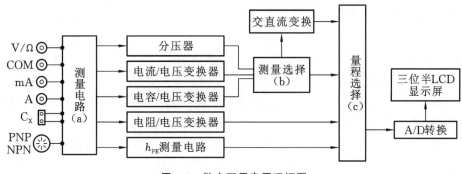

图 4-3 数字万用表原理框图

3)数字万用表的使用与测量方法

(1)二极管单向导电性的检测。

将量程选择开关置于"二极管检测挡",红表笔插入"V/Ω"插孔,黑表笔插入"COM"插孔,然后将红、黑表笔分别接到二极管两端。

当红表笔接于二极管 P 区(正端)、黑表笔接于 N 区(负端)时,显示屏将显示被测二极管的正向压降。通常硅二极管正向压降为 $500\sim800$ mV,锗二极管正向压降为 $200\sim350$ mV。若被测二极管的正向压降在以上范围内,说明二极管是好的。若万用表显示"000",说明二极管短路;若显示"1",说明二极管开路。

当黑表笔接于二极管 P 区(正端),红表笔接于二极管 N 区(负端)时,可对二极管进行反向检测,若万用表显示"1"说明二极管是好的,若显示"000"或其他值,说明二极管损坏或漏电。

用数字万用表对二极管单向导电性进行检测的方法与用指针式模拟万用表欧姆挡检测二极管的方法截然不同。数字万用表的红表笔接内部电源正极,黑表笔接内部电源负极,与指针式模拟万用表正好相反。

(2)三极管放大倍数的检测。

先确定三极管是 NPN 型还是 PNP 型,再将其极性引脚插入相应的"C、B、E"管座内;然后将量程选择开关置于"h_{FE}"挡,确认无误后,按下电源开关 POWER,这时屏幕上显示的 400 至 1000 之间的数值即三极管的放大倍数。若屏幕显示"000"(短路)或"1"(开路),则表示三极管已损坏,不能使用。

（3）电阻器的测量。

将红表笔插在"V/Ω"插孔，黑表笔插在"COM"插孔，估计电阻器的阻值后，将量程开关置于"Ω"挡的相应阻值上，接通电源，将表笔接到电阻两端的测量点，读数即可。

测量时，若发现显示屏左端出现"1"字，说明测量结果无穷大（即开路状态）。这时不能过早下结论，可以选择更高一挡的量程再测量一次。例如，本应将量程置于"kΩ"挡却错置于"Ω"挡时，显示屏就会因测量值超过量程而显示"1"。如果使用任何挡位测量电阻均显示无穷大，则可以确定该电阻内部已断路。

（4）交流电压的测量。

根据被测电源电压的大小选择合适量程，如测量市电 220 V，先将量程开关旋转至"ACV"挡的 750V 量程，黑表笔插入"COM"插孔，红表笔插入"V/Ω"插孔，按下电源开关，将红、黑表笔分别接到测量点上，即显示读数。若电压值在 200～250 V 之间跳变，属正常现象，说明外电源有波动。

（5）交流电流的测量。

将黑表笔插入"COM"插孔，当被测电流在 200 mA 以下时，将红表笔插入"mA"插孔，并将红、黑表笔串入测量电路中，量程开关置于 200 mA 挡。而后根据测量值，先断开测量电路的电源，将量程开关旋至相应挡位，再次打开电源开关，显示读数；若被测电流在 200 mA 至 20 A 之间，则应将红表笔插入 20 A 的插孔中再行测量。

当 200 mA 插孔输入过载时，将会熔断表内的保险丝；若 20 A 插口没有保险丝，测量时间应小于 15 s。

测量直流电压、直流电流可参照测量交流电压、交流电流的操作方法。

4. 使用注意事项

（1）测量电阻时，不能用手接触万用表的测试笔端。

（2）测量小于 200 Ω 的电阻时，应先将测试表笔短路，再检查初始值（即测试表笔接触电阻）。

（3）测量电容时，不能反映充放电过程。

（4）测量电流时，切记正确选择合适的插孔和量程。

在使用数字万用表进行测量时，要特别注意根据测量对象正确选择挡位、量程以及表笔插孔。四个插孔旁所标的警示符号和最大量限就是提醒大家要高度注意，避免测量大电流、大电压时选错量程和插孔，造成仪表损坏。

5. 数字式仪表的灵敏度

（1）数字式仪表的灵敏度用分辨力表示，分辨力由仪表在最低量程末位上的一个数字所对应的电压值表示。

例如：$3\frac{1}{2}$ 位数字万用表 200 mV 挡的最大显示值为 199.9 mV，末位上的数字 1 表示 0.1 mV，即 100 μV，所以分辨力为 100 μV。

（2）分辨力随显示位数的增加而提高。

例如：$4\frac{1}{2}$ 位数字万用表 200 mV 挡的最大显示值为 199.99 mV，末位上的数字 1 表示 0.01 mV，即 10 μV，所以分辨力为 10 μV。

（3）分辨力随量程增大而成比例降低。

例如：$4\frac{1}{2}$ 位数字万用表 200 mV 挡的分辨力为 10 μV，而 2 V 档的分辨力为 100 μV（1.9999 V→0.0001 V→0.1 mV→100 μV）。

（4）数字式仪表的分辨力也可以用分辨率表示。分辨率是仪表所能显示的最小非零数字与最大显示数字之比，一般用百分数表示。

例如：$3\frac{1}{2}$ 位数字电压表的分辨率为 $\frac{1}{1999}\times100\%=0.05\%$；

$3\frac{1}{4}$ 位数字电压表的分辨率为 $\frac{1}{3999}\times100\%=0.025\%$；

$4\frac{1}{2}$ 位数字电压表的分辨率为 $\frac{1}{19999}\times100\%=0.005\%$。

（5）分辨率表示对微小电量的识别能力，即灵敏性。

6. 数字式仪表的准确度

数字式仪表的准确度反映了仪表的基本误差。而仪表的基本误差主要来源于构成仪表的转换器（A/D）和分压器等产生的误差以及在测量过程中对数据进行数字化处理时产生的误差。

常见的计算数字式仪表误差的公式有下面两种：

$$\Delta U=\pm(a\%U_\mathrm{x}+b\%U_\mathrm{m}) \tag{4-1}$$
$$\Delta U=\pm(a\%U_\mathrm{x}+n\text{ 个字}) \tag{4-2}$$

式中：

ΔU——仪表测量值的绝对误差；

U_x——测量指示值；

U_m——测量所有量程的满度值；

a——误差相对项系数；

b——误差固定项系数；

n——最后一个单位值的 n 倍。

在误差公式中，数字式仪表的绝对误差分为两部分：

"$\pm a\%U_\mathrm{x}$"为可变部分，称为数学误差，其特点是误差值随测量值增大而增加。

"$\pm b\%U_\mathrm{m}$"或"n 个字"为固定部分，称为满度误差，其特点是不随读数而变，考虑到 $\pm n$ 个字所表示的误差实质上与 $\pm b\%U_\mathrm{m}$ 是一致的，所以一般常用式（4-1）。

7. 举例

（1）DT890 型 $3\frac{1}{2}$ 位数字万用表直流 2 V 挡准确度为 $\pm(0.05\%U_\mathrm{x}+3\text{ 个字})$，其中 3 个字折合成满量程的 $\frac{3}{200}=0.015\%$，因此该仪表的准确度也可以表示成 $\pm(0.05\%U_\mathrm{x}+0.015\%U_\mathrm{m})$。

当测量电压读数为 1 V 时，测量误差为：$\pm(0.05\%\times1000+0.015\times2000)$ mV $=\pm0.8$ mV。

（2）已知某一数字式仪表（电压表）的 $a=0.5$，用 2 V 挡测量 1.999 V 的电压，其 ΔU 和 $b\%$ 参数各为多少？

解: 由条件可知,这是 $3\frac{1}{2}$ 位的电压表,电压最小变化量 $n=0.001$,则 $\Delta U=\pm(a\%U_x+n)=\pm(0.5\%\times1.999+0.001)\text{V}=0.011\text{ V}$。

因为 $b\%U_m=n$,所以 $b\%=\dfrac{n}{U_m}=\dfrac{0.001}{2}=0.0005$,即 0.05%。

在大多数测量中,需要求出仪表测量某一电压的相对误差 r_x,可用公式

$$r_x=\frac{\Delta U}{U_x}=\pm a\%\pm b\%\frac{U_m}{U_x}$$

由公式可见,当 $U_x=U_m$ 时,r_x 最小,因此应选择合适的仪表量程,被测量与所选择的量程越接近,误差越小。

8. 分辨力与准确度之间的关系

(1) 分辨力表征仪表的"灵敏性",即对微小变化的识别能力;准确度表征仪表的"准确性",即测量结果与真实值的一致程度。

分辨力仅与仪表的显示位数有关,从测量角度看,分辨力是"虚"指标,与测量误差无关。准确度则取决于 A/D 转换器、功能转换器的综合误差和量化误差(量化误差与 A/D 转换器的位数有关,8 位→$\dfrac{1}{156}$,10 位→$\dfrac{1}{1024}$,位数越多,量化误差越小)。准确度是"实"指标,它决定测量误差的大小。

(2) 任意增加显示位数来提高仪表分辨力的方案是不可取的,分辨力应受准确度的制约,并与之相适应。

4.2 指针式仪表

1. 机械式指示仪表

(1) 定义。

利用电磁力矩使机械部分动作,并以指针在刻度盘上指示被测对象量值的电表称作机械式指示仪表,也称直读式仪表。

(2) 基本结构。

直读式仪表组成框图如图 4-4 所示。

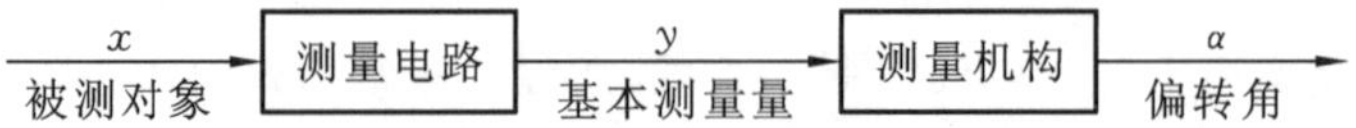

图 4-4 直读式仪表组成框图

直读式仪表一般由测量电路和测量机构两部分组成。测量机构俗称表头,表头允许通过的电流和承受的电压不大,故需加以分流和分压,于是便有了测量电路。被测对象经过测量电路进行变换成为基本测量量,再经过测量机构转换为力矩,驱使指针发生偏转。

测量机构:仪表接受电量后产生偏转运动的机构。它利用载流导体在磁场中受力运动,将被测电量转换成仪表可动部分的偏转角,并保持两者之间的确定关系。从而用偏转角的大小反映被测量的数值。

测量电路:能把被测量 x(如电流、电压、电阻等)转换为测量机构可以直接接受的过渡

量 y(电流)并保持一定比例的仪表组成部分,如放大电路、流电路、分压电路和电桥电路等。

对于直读电表,可动部分受的旋转力矩又称转动力矩,用 M_a 表示,有

$$M_a = \frac{d\omega}{d\alpha}$$

其中:w——测量机构系统中电场或磁场能量;

α——偏转角。

2. 指示仪表的分类

按转动力矩所利用的电磁现象与方式不同,指示仪表可分为磁电系、电动系、电磁系、感应系和静电系等系列。下面简单介绍前三类指示仪表。

1)磁电系仪表

(1)测量机构:由固定部分和可动部分组成。

固定部分主要是带极靴的永久磁铁,产生辐射状的均匀磁场,可动部分主要有通过电流的可动线圈、游丝及指针。

(2)作用原理:由可动线圈中电流产生的磁场与固定的永久磁铁产生的磁场相互作用产生力矩。

由电流产生的转动力矩 $M = NBSI$

式中:N 为可动线圈匝数,B 为磁感应强度,S 为可动线圈面积,I 为通过电流。

反作用力矩 $M_a = D\alpha$

式中:α 为偏转角,D 为游标反作用系数。

所以

$$\alpha = \frac{NBSI}{D} = S_1 I$$

$S_1 = \frac{NBS}{D}$,称为仪表的灵敏度。

(3)特点:准确度和灵敏度高,功率消耗小,标度尺刻度均匀,受外磁场影响小,过载能力差,可构成直流系列仪表,加整流线路后可构成整流系仪表,可测电流有效值。

2)电动系仪表

(1)测量机构:主要由一个可动线圈和一个或数个固定线圈构成。固定线圈串联后固定在机壳上,中间有缝隙。可动线圈固定在转轴上,转轴放在固定线圈的缝隙之间。

(2)作用原理:固定线圈和可动线圈均通过电流时,二者相互作用产生力矩。

测量机构的转动力矩 $M = I_1 I_2 \frac{dM_{12}}{d\alpha}$

反作用力矩 $M_a = D\alpha$

所以

$$\alpha = \frac{1}{D} I_1 I_2 \frac{dM_{12}}{d\alpha} \quad (D \text{ 为弹性系数})$$

对电动系电流表:$\alpha = KI^2$。

对电动系电压表:$\alpha = K_u u^2$。

电动系仪表原理线路见图 4-5。

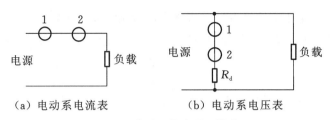

（a）电动系电流表　　　（b）电动系电压表

图 4-5　电动系仪表原理线路

（3）特点：

① 准确度高（可达 0.05 级），可测量交流、直流信号，也可测非正弦量，可构成多种测量线路，如测电压、电流、功率等量。

② 易受外磁场影响，自身损耗大，过载能力小，电压、电流表刻度不均匀，功率表刻度均匀。

3）电动系功率表

将电动系仪表的固定线圈（电流线圈）与负载串联，活动线圈（电压线圈）与负载并联，即构成电动系功率表（见图 4-6）。

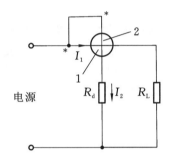

图 4-6　电动系功率表原理线路
1—固定线圈；2—可动线圈；R_d—附加电阻

此时，偏转角为：

$$\alpha = K_a I_1 I_2 \cdot \cos\varphi$$
$$= K_a I_1 \cdot \frac{u}{R_d} \cos\varphi$$
$$= K_p I_1 u \cos\varphi$$
$$= K_p P$$

式中：$I_2 = \dfrac{u}{R_d}$，φ 为负载两端 u、I 的相位差角，$K_p = \dfrac{K_a}{R_d}$，P 为有功功率。

（1）同名端：电动系测量机构指针的偏转方向与固定线圈及可动线圈的磁场方向有关。设计时，使电流同时从固定线圈和可动线圈的对应端流入时，指针偏转方向为正，反之朝反方向偏转。一般称电流线圈和电压线圈的对应端为同名端，常用 ＊ 、· 、± 、↑ 等符号标示。

（2）接线原则：功率表标有"＊"的电流端钮必须接至电源一端，而另一端钮应接到负载；功率表标有"＊"的电压端钮可以接至电流端钮的任何一端，另一电压端钮则应跨接到负载的另一端。

（3）量程选择。功率表有三个量程，即电流量程、电压量程、功率量程。电流量程是指仪表串联回路所容许通过的最大工作电流，电压量程是指仪表并联支路所能承受的最高工作电压。功率量程由电流量程和电压量程所决定，$P_m = u_m I_m \cos\varphi_m$，它表示功率表指针满刻度偏转时的功率值。

（4）读数据：$P = c_p \cdot \alpha$，即功率的大小等于分格常数 c_p 和偏转格数 α 的乘积。

其中 α 为功率表指针偏转的格数；c_p 为功率表的分格常数，$c_p = \dfrac{P_m}{\alpha_m} = \dfrac{u_m I_m \cos\varphi_m}{\alpha_m}$；$\alpha_m$ 为仪表满偏格数。

（5）举例：已知功率表电压量程为 300 V，电流量程为 2.5 A，满刻度数为 150 格，测量时偏转格数为 128 格，问测得功率为多少？

解：$c_p = \dfrac{300 \times 2.5}{150}$ W/DIV = 5 W/DIV，$P = c_p \cdot \alpha = 5 \times 128$ W = 640 W。

4）电磁系仪表

（1）测量机构：当固定线圈通过电流时产生磁场，磁场将固定铁片和动铁片同时磁化，从而产生排斥（或吸引）力矩——作用力矩，于是带动指针偏转。

电磁系仪表的测量机构分为两种：作用力矩由排斥力形成的称排斥式，作用力矩由吸引力形成的称吸引式。

（2）作用原理：线圈通过电流时，产生的转矩为

$$M = \frac{1}{2} I^2 \frac{\mathrm{d}L}{\mathrm{d}\alpha} \quad (L \text{ 为线圈电感})$$

仪表反作用力矩 $M_\alpha = D\alpha$

所以 $\alpha = \dfrac{1}{2D} \cdot \dfrac{\mathrm{d}L}{\mathrm{d}\alpha} \cdot I^2 = K \propto I^2$，即偏转角与通过的电流平方值成比例。

（3）特点：

① 结构简单，造价低，过载能力强，交、直流两用，但主要用于测交流信号。

② 标度尺刻度不均匀，易受外磁场影响，受频率影响较大。

3. 指针式仪表的表面标记

指针式仪表的表面标记如表 4-1 所示。

表 4-1　指针式仪表的表面标记

标记	含义	详细内容
数字 0.5	准确度等级	0.5 级 ±0.5%
⊓ ⊕ ⅙	工作原理	磁电系、电动系、电磁系
— ∼ ⌢	电量种类	直流、交流、交直流
⊥ ⊓ ∠60°	放置方式	标度尺位置垂直、水平、倾斜 60°
1	按外界条件分组	1 级磁场或电场
☆2	绝缘强度	试验电压 2 kV、50 Hz
Ⓐ	A 组仪表	室内环境使用

4. 指针式仪表的准确度与灵敏度

（1）指示仪表的准确度以最大引用误差表示：

$$r_{nm} = \frac{\Delta x_m}{x_m} \times 100\% = \frac{最大绝对误差}{仪表量程} \times 100\%$$

其中：仪表的最大绝对误差大致保持不变，仪表量程是一个常数。

（2）电工仪表的准确度等级共有七级：0.1、0.2、0.5、1.0、1.5、2.5、5.0。其对应的误差为：±0.1%、±0.2%、±0.5%、±1.0%、±1.5%、±2.5%、±5.0%。

（3）指示仪表的灵敏度是指仪表的可动部分偏转角的变化量 $\Delta \alpha$ 与被测量的变化量 Δx 的比值（与测量绝对误差不一样）。

$$S = \frac{\Delta \alpha}{\Delta x}$$

S 反映了仪表对被测量的反应能力，即反映了仪表所能测量的最小被测量。

4.3　函数信号发生器

1. 信号发生器

信号发生器是一种能提供各种频率、波形和输出电平电信号的设备。按调制方式，信号发生器可分为调频、调幅和脉冲调制等类型。按输出信号波形不同，信号发生器可分为正弦信号发生器、脉冲信号发生器、函数信号发生器等。正弦信号发生器按按输出信号频率范围的不同，可分为超低频信号发生器、低频信号发生器、高频信号发生器、超高频信号发生器。

函数信号发生器是能输出多种波形的信号源，它能产生正弦波、方波、三角波、锯齿波和脉冲波等多种波形，信号频率一般在 20 MHz 以下。函数信号发生器的工作原理多种多样，但往往是先用触发电路产生方波或矩形波，然后经积分器变换出三角波或锯齿波，再经变换网络（如二极管整流网络等）将三角波转换为正弦波。因为波形之间的转换是通过函数变换来实现的，所以称为函数信号发生器。

电路测试技术实验中用到的信号发生器，其工作频率一般在低频范围内。

信号发生器的核心部分是振荡器，振荡器产生的信号放大后作为电压或功率输出。通常，输出电压的幅值通过仪器面板上的幅度调节旋钮进行调节；有的信号发生器还设有衰减开关，以获得小信号电压输出；有的电压衰减采用对数形式表示。信号源频率通过面板上的"频率粗调"和"频率细调"两个旋钮进行调节，其频率显示采用刻度盘指示或数字显示等方式。

波形选择开关可供选择所需要的波形。对于有功率输出的信号发生器，为使负载从信号源获得最大功率，要求信号源的输出阻抗和负载阻抗相匹配。

另外，有的函数信号发生器调节面板上设有"占空比（或波形对称性）"旋钮，调节该旋钮可以使方波变为矩形脉冲波，使三角波变为锯齿波，其信号频率将降低为原来的 1/10 左右。另外，调节面板上的"电平偏移（或直流电平）"旋钮可改变输出信号中直流分量的大小和正负。

信号发生器的电源插头直接接入 220 V 市电电源，在面板上设有相应的电源开关和指示灯。

信号发生器的使用方法与注意事项主要有下列几点：

（1）先将输出幅值调到零位，接通工作电源，预热几分钟以后方可进行工作。

（2）使用时，将信号源频率调到所需的数值，对于函数信号发生器，还要将"波形选择"转换开关接到选定的波形位置。在确认负载与信号发生器连接无误后，再将输出电压从零位调到所需的数值。若信号发生器面板上没有电压表而需要知道输出电压数值时，须外接电压表或用示波器进行测量。

（3）信号发生器的输出功率不能超过额定值，也不能将输出端短路，以免损坏仪器。

2. EE1641B 型函数信号发生器

EE1641B 型函数信号发生器能够输出频率、幅度可以调节的正弦信号、三角波信号和方波信号，还可输出标准的 TTL 和幅度可调的 CMOS 方波信号，还可以作为计数器、频率器使用，是实验室的主要信号源。

EE1641B 型函数信号发生器面板示意图如图 4-7 所示，下面是对应面板上各部件中旋钮的作用及功能表述。

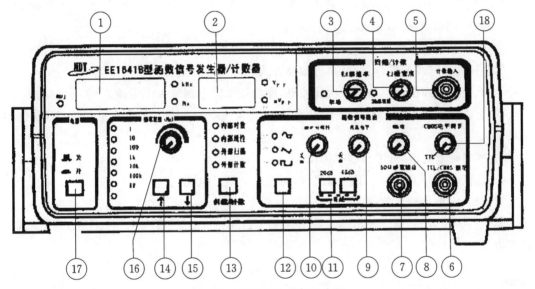

图 4-7　EE1641B1 面板示意图

① 频率显示窗口。

用于显示频率，单位为 Hz 或 kHz，由指示灯区别。

② 幅度显示窗口。

用于显示输出信号的峰-峰值，单位是 V 或 mV，由指示灯区别。

③ 扫描速率调节旋钮。

调节此电位器可改变内扫描的时间长短。在外测频率时，逆时针旋到底（绿灯亮），外输入测量信号经过低通开关进入测量系统。

④ 扫描宽度调节旋钮。

调节此电位器可调节扫频输出的扫频范围。在外测频率时，逆时针旋到底（绿灯亮），外输入测量信号经过衰减"20 dB"进入测量系统。

⑤ 计数输入插座。

当"扫描/计数"按键⑬选择外部扫描或外部计数功能时,外扫描控制信号由此输入,主要用于测量外部信号的频率。

⑥ TTL/CMOS 信号输出端。

输出标准的 TTL 电平和幅度为 $3U_{p\text{-}p}\sim15U_{p\text{-}p}$ 的 CMOS 电平,输出阻抗为 600 Ω。

⑦ 函数信号输出端。

输出多种波形受控的函数信号,输出幅度为 $20U_{p\text{-}p}$(1 MΩ 负载),$10U_{p\text{-}p}$(50 Ω 负载)。

⑧ 函数信号输出幅度调节旋钮。

⑨ 函数信号输出直流电平预置调节旋钮,用于调节输出正方波信号。

调节范围:-5 V$\sim+5$ V(50 Ω 负载),当电位器处在中心位置时,则为零电平。

⑩ 波形对称性输出调节旋钮。

调节此旋钮可改变输出信号的对称性。当电位器处在"OFF"位置时,则输出对称信号;当需要不同占空比的脉冲波形时,可顺时针接通并调节该电位器以满足要求。

⑪ 函数信号输出幅度衰减按键。

"20 dB""40 dB"键均不按下,输出信号不经衰减,直接输出到插座口。"20 dB""40 dB"键分别按下,则可选择 20 dB 或 40 dB 衰减。

⑫ 函数输出波形选择按键。

⑬ "扫描/计数"按键,可选择多种扫描方式和外测频方式。

⑭ 上频段选择按键。每按一次此按键,输出频率向上调整 1 个频段。

⑮ 下频段选择按键。与上频段选择按键配合,调节信号频率的范围,它们不是倍乘关系。

⑯ 频率调节旋钮,可进行频率的微调。

⑰ 整机电源开关。按一下接通电源,再按一下断开电源。

⑱ CMOS 电平调节旋钮。

处于"关"位置时,信号输出端⑥输出标准 TTL 电平;处于"开"位置时,CMOS 电平调节范围为 $3U_{p\text{-}p}\sim15U_{p\text{-}p}$。

4.4 示波器

1. 电子示波器概述

电子示波器(简称示波器)可以用来观察和测量随时间变化的电信号图形,它是进行电信号特性测试的常用电子仪器。由于示波器能够直接显示被测信号的波形和测量其相关的电参数,测量功能全面,加之具有灵敏度高、输入阻抗大和过载能力强等一系列特点,因此在近代科学技术领域中得到了极其广泛的应用。

示波器的种类很多,根据用途和特点的不同一般分为五类。

1)通用示波器

通用示波器是采用单束示波管的示波器,有单踪型和多踪型。

2)多束示波器

多束示波器又称多线示波器,是采用多束示波管的示波器,在屏幕上显示的每个波形都由单独的电子束产生。

以上两类示波器根据 Y 通道的频带宽度 f_B 又分为四种：

(1) 简易示波器：$f_B < 500$ kHz。

(2) 低频示波器：$f_B = 0.5 \sim 1$ MHz。

(3) 普通示波器：$f_B = 5 \sim 60$ MHz。

(4) 带宽示波器：$f_B > 60$ MHz。

3）取样示波器

取样示波器将高频信号以取样方式转换成低频信号，再用通用示波器的原理显示其波形。这种示波器常用于观察高频信号及窄脉冲信号。

4）记忆与存储示波器

记忆与存储示波器是具有存储信息功能的示波器。一般将利用记忆示波管实现存储功能的示波器称为记忆示波器，将利用半导体数字存储器实现存储功能的称为存储示波器。

5）特殊示波器

特殊示波器是指能满足特殊用途或具有特殊装置的专用示波器，例如高压示波器等。

2. 示波器的结构

普通示波器主要由示波管、垂直（Y 轴）放大器、扫描（锯齿波）信号发生器、水平（X 轴）放大器以及电源等部分组成，其结构框图如图 4-8 所示。

(1) 示波管是示波器的核心部件，它主要包括电子枪、偏转板和荧光显示屏等几个部分，如图 4-9 所示。

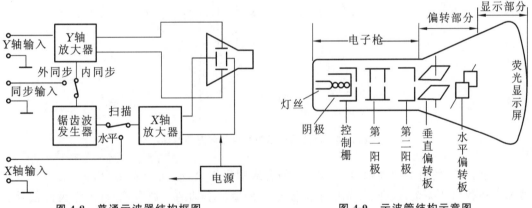

图 4-8　普通示波器结构框图　　　　图 4-9　示波管结构示意图

示波管的电子枪包括灯丝、阴极、控制栅、第一阳极和第二阳极。阴极被灯丝加热时发射大量电子，电子穿过控制栅后被第一阳极和第二阳极加速并聚焦，所以电子枪的作用是产生一束极细的高速电子射线。由于两对平行的偏转板（水平偏转板和垂直偏转板）上加有随时间变化的电压，高速电子射线经过偏转板时就会在电场力的作用下发生偏移，偏移距离与偏转板上所加的电压成正比。最后电子射线高速撞在涂有荧光粉的屏幕上，产生可见的光点。

由于荧光粉的成分不同，因此其发光颜色及余辉时间也不同。荧光粉在受到高能电子撞击时发光，在电子束停止作用后一段时间内，荧光膜仍持续发光。激励过后，亮点光度下降到原始值的 10% 所经过的时间称为"余辉时间"。余辉时间在 $0.1 \sim 1$ s 称长余辉，10 ms $\sim$ 0.1 s 称中余辉，$1 \sim 10$ ms 称短余辉。通用示波器一般选用中余辉，观察极缓慢信号时，则使用长余辉示波器。

（2）Y 轴放大器把被测信号电压放大到足够大的幅度，然后加在示波管的垂直偏转板上。Y 轴放大器还带有衰减器，用以调节垂直幅度，确保显示图形的垂直幅度适当或可进行定量测量。这部分也称为 Y 通道。

（3）扫描信号发生器产生一个与时间呈线性关系的周期性锯齿波电压（又称扫描电压），经过 X 轴放大器放大以后，再加在示波管水平偏转板上，X 轴放大器还带有衰减器。这部分也称为 X 通道或扫描时基部分。

（4）电源部分向示波管和其他电子管（或晶体管）元件提供所需的各组高低压电源，以保证示波器各部分正常工作。

3. 示波器显示被测信号波形的原理

（1）当示波管垂直偏转板上加有待测信号电压 $u_Y = U_{Ym}\sin(\omega t)$，水平偏转板上加有同频率锯齿电压 u_X 时，电子束的偏转是垂直和水平两个电场力合成的结果，如图 4-10 所示，电子射线光点某一瞬间在荧光屏上的位置就取决于该时刻 u_Y 和 u_X 的数值。例如：$t=0$ 时，$u_Y=0$，$u_X=-U_{Xm}$，光点出现在 a 点，$t=1$、2……时，光点分别出现在 b、c……各点。

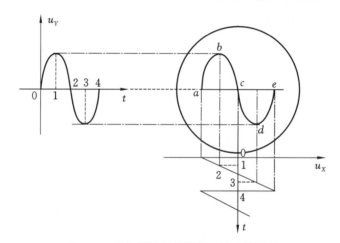

图 4-10　示波器显示被测信号波形的原理

显然，为了使每一个周期内 u_Y 和 u_X 的合成图形重合，必须保证 u_Y 和 u_X 的频率一致或具有整数倍的关系，这样，荧光屏上的图形才是稳定不动的。通常，这是由锯齿波信号发生器内的同步（整步）电路完成的，它能够强迫锯齿波的频率与 u_Y 的频率（或外来信号频率）保持同步。

（2）示波器的同步方法有三种：

① 内同步——从 Y 轴放大器中取出被测信号电压来控制锯齿波的扫描频率。当利用被测信号作为触发同步信号时，常采用这种方式。

② 外同步——用外接电压控制锯齿波的周期，由同步输入端接入，此时外接电压周期与被测信号周期成整数倍关系。当用单线示波器测量两相关波形的相位时，或当被测信号不适合做触发信号时，采用这种同步方式。

③ 电源同步——从电源变压器中取出 50 Hz 交流电压来控制锯齿波的频率，通常用来测量与电源频率有关的信号。

（3）示波器的扫描方式有两种：

① 连续扫描——加在水平(X 轴)偏转板上的电压是一个连续时间函数,在连续变化的锯齿波电压的作用下,光点在荧光屏上连续移动。连续扫描适用于观测正弦波、方波等连续信号。当 $u_Y=0$ 时,荧光屏上显示一条水平亮线,称为时间基线。

② 触发扫描(又称等待扫描)——示波器扫描电路只有在触发信号的激励下才开始扫描,当脉冲信号到来时扫描一次,否则扫描电压发生器处于等待状态,直到下一个触发信号到来时才再次激励,进行另一次扫描。只要适当调节"电平"旋钮,就可观测到连续信号的稳定波形或脉冲波形。

(4) 示波器的信号显示方式。

在测量中,有时需同时观测两个信号的波形,以便进行比较。可采用双线或双踪示波器。双线示波器采用双枪示波管,在一个管子中装有两个电子枪,有两套独立的垂直系统和一套水平系统,两个被测信号可以分别通过两套垂直系统加在两对垂直偏转板上,分别控制两条电子束的偏转,这样在荧光屏上可同时显示两个被测信号的波形。双踪示波器采用单枪示波管,用电子开关同时显示两个被测信号波形。

双踪示波器一般有五种波形显示方式:Y_1、Y_2、$Y_1 \pm Y_2$(显示波形为两个信号和或差)——这三种均为单踪显示方式,以及交替、断续两种显示方式。

① 交替显示——利用电子开关依次交替接通 Y_1、Y_2 通道,把两个输入信号的波形轮流地显示在荧光屏上,如果交替速度很快,由于余辉和人眼视觉滞留效应的缘故,可获得两个波形的显示效果。由于电子开关转换频率与扫描频率相等,因此这种方式又称同步转换方式。

如果被测信号频率很低,则扫描速度很慢。因而同一波形两次显示之间的时间间隔较长,波形闪烁较严重,造成观测困难。因此交替显示方式适用于频率较高的信号。

② 断续显示——电子开关以一定的频率($100 \sim 1000$ kHz)高速自动转换(其频率远高于扫描信号频率),轮流接通两个垂直输入电路,将两个被测信号分成很多小段轮流显示,如果断续的次数足够多,显示的各段靠得很近,人眼看到的波形就好像是连续的。

当被测信号频率很高,与电子开关转换频率接近时,波形产生明显的间断现象,所以断续显示方式只适用于频率较低的信号。

断续显示时电子开关转换频率与扫描频率无关,所以此种方式也称非同步转换方式。

4. 示波器面板上各旋钮或开关的作用

示波器种类不同,旋钮开关的数目以及在面板上的位置和称呼也不完全相同,但大体上可以分为主机、Y 通道、X 通道三部分。

1) 主机部分

(1)"电源"开关:用来接通或切断电源,接通电源时指示灯亮。

(2)"辉度"旋钮:用来控制荧光屏上显示波形的亮度。

2) Y 通道

(1)"Y 轴移位"旋钮:调节荧光屏上 Y 轴输入信号的光迹在垂直方向的位置。

(2)"Y 轴灵敏度(V/cm)"开关:调节荧光屏上 Y 通道输入信号的显示幅度。

(3)"Y 轴输入耦合选择"开关:选择被测信号接至输入端的耦合方式。

"DC"位置——测量直流以及含直流分量的各交流量。

"⊥"位置——放大器的输入端被短接,不显示输入信号波形。

"AC"位置——测量输入信号中的交流分量。

(4)"显示方式"开关:用以转换 Y_1、Y_2 两个通道工作状态的开关。它具有五个作用位置——"交替"、"Y_1"、"$Y_1 \pm Y_2$"、"Y_2"与"断续"。

3）X 通道

（1）"X 轴移位"旋钮：调节荧光屏上光迹在 X 轴方向的位置。

（2）"X 轴灵敏度（V/cm）"开关：调节荧光屏上 X 通道输入信号的显示幅度。

（3）"扫描速度（T/cm）"开关：调节扫描信号的频率。

（4）"扫描速度微调"旋钮：用以连续改变扫描速度的细调装置。

（5）"触发源选择"开关：用于选择"内""外"触发信号源。

（6）"触发极性"选择开关：用于选择被测信号波形的触发斜率。当开关置于"＋"或"－"位置时，其触发点分别对应信号波形的上升部分和下降部分。

（7）"触发方式选择"开关：分"AC""DC""自激"三种方式，"AC""DC"为触发方式扫描，触发一次扫描一次，无触发信号时，则不产生扫描，"自激"是由示波器自己产生的锯齿波电压进行连续扫描。

（8）"电平"旋钮：调节输入信号波形的触发点。

（9）"水平工作选择"开关：用来接通或切断 X 通道中的扫描信号，以转换示波器的工作方式。双踪示波器一般设有"$Y_1(X)$转换"开关，该开关拉出时，仪器用作 X-Y 显示器，Y_1 作为 X 轴通道，Y_2 作为 Y 轴通道（其扫描系统自动停止工作）。

5. 用示波器进行测量的基本方法

1）幅度（电压、电压幅值）的测量方法

（1）测量电压幅值是示波器最基本的测量功能之一。按示波器种类的不同，有以下两种测量电压幅值的方法。

① 对于有 Y 轴灵敏度开关的示波器，Y 轴的坐标比例已经确定，故只需将被测信号所占坐标的格子数（cm）乘以 Y 轴灵敏度开关所指的值（V/cm）即可测出其幅值。若荧光屏上的波形如图 4-11 所示，正弦电压峰-峰值占 7 个格子，Y 轴灵敏度开关指向 0.5 V/cm，则

$$U_{\text{p-p}} = 7 \text{ cm} \times 0.5 \text{ V/cm} = 3.5 \text{ V}$$

② 对于 Y 轴只有连续调节增幅的示波器，首先需要输入一个已知幅值的标准信号电压，调节 Y 轴增幅以确定荧光屏上 Y 轴的坐标单位（即定标 V/cm），再将被测信号输入。幅值计算方法与上面相同。注意，定标后，不能再旋动 Y 轴增幅旋钮。

（2）测量电流时，一般用电阻取样法将电流信号转换为电压信号以后再进行测量。例如，在图 4-12 中，为了测量 Z 支路的电流 i，先串接一个取样电阻 r，则

$$u_r = i \cdot r$$

$$i = \frac{u_r}{r}$$

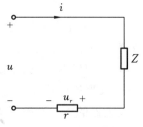

图 4-11　波形　　　　　　图 4-12　测量电路

由此,用示波器测出 u_r 的幅值后再除以取样电阻,即可得出支路电流 i。在这里有几个问题要注意:

① 为减小取样电阻 r 对原电路的影响,通常取 $r \ll |Z|$,但应注意 r 阻值的下限受示波器最高灵敏度的限制。

② 取样电阻应为无感电阻,同时阻值和误差要小,保证测量准确度。

③ 注意示波器地线的合理选取。如果电源采用信号发生器,那么信号发生器和示波器的地线一般要连接在一起,这时,取样电阻的地线取法常用图 4-13(a)所示的形式。如果信号发生器和示波器的地线不需连接在一起,则地线可也采用图 4-13(b)的形式。接地点不同,观察到的 u_r 的相位也不同。而双踪示波器的两根地线必须连接在同一点上,以免将有关电路短接而造成观测失误或损坏设备。

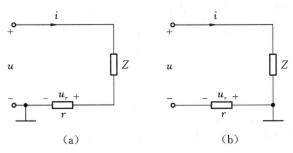

图 4-13 地线的选取

2) 频率(周期)的测量方法

用示波器测量信号频率(或周期)的方法基本上可分为两大类:一类是利用扫描工作方式,另一类是用示波器的 X-Y 工作方式(即水平工作方式)。下面分别加以介绍。

(1) 用示波器的扫描工作方式测量信号的频率(或周期),实质上是在确定锯齿波的周期(时间)坐标(称为定时标)之后,再与被测量信号的周期进行比较测量。

① 对于 X 通道部分有"扫描速度"开关的示波器,X 轴的时间坐标已经确定,因此,只需要将被测信号的一个周期所占的格子数(cm)乘以"扫描速度"开关所示的值(s/cm),即可测出周期。

如图 4-11 所示的波形,正弦信号一个周期在水平方向占有 8 个格子,"扫描速度"开关指向 5 ms/cm,则

$$T = 8 \text{ cm} \times 5 \text{ ms/cm} = 40 \text{ ms}$$

所以正弦信号周期为 40 ms,即频率 $f = 1/T = 1/0.04 \text{ s} = 25 \text{ Hz}$。

注意,此时示波器的"扫描扩展"旋钮或"扫描速度微调"旋钮都应置于校正位置。

② 对于 X 轴只有扫描范围(粗调)和扫描微调的示波器,X 轴的时间坐标未被确定,因此首先需要输入一个已知周期的标准信号,调节扫描频率和整步增幅,使其图形稳定下来。这时,由标准信号一个周期所占的格子数即可确定扫描速度的值,之后再将被测信号输入。周期的计算方法同上。注意,确定了 X 坐标之后,不能再旋动扫描范围(粗调)和扫描微调旋钮。

③ 此外,还有一些示波器设有专门用来测量频率的时标开关。被测信号稳定后将时标开关接通,于是,被测波形轮廓成为间断亮点(线),时标旋钮所指的刻度即代表两个亮点之

间的时间。例如,图 4-14 所示的正弦波,一个周期内共有 16 个亮
点,若时标指向 1 ms,则

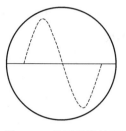

$$T = 1 \text{ ms} \times 16 = 16 \text{ ms}$$

对于其他时间量,如时间常数等,测量方法完全相同。

（2）利用示波器的 $X\text{-}Y$ 工作方式,即把水平工作选择开关置
于水平工作状态,此时,锯齿波信号被切断,X 轴输入已知标准频
率的信号,经放大后加至水平偏转板。Y 轴输入待测频率的信号,

图 4-14　信号周期的测量

经放大后加至垂直偏转板,荧光屏上呈现的是 u_X 和 u_Y 的合成图
形,即李萨如图形。从李萨如图形的形状可以判定被测信号（u_Y）的频率。当李萨如图形稳
定后,设荧光屏水平方向与图形的切线交点数为 N_X,垂直方向与图形的切线交点数为 N_Y,
则已知频率 f_X 与待测频率 f_Y 有如下关系:

$$\frac{f_Y}{f_X} = \frac{N_X}{N_Y}$$

即

$$f_Y = f_X \cdot \frac{N_X}{N_Y}$$

图 4-15 示出了几种常见的李萨如图形及对应的频率比。

$f_X : f_Y$	1 : 2	1 : 3	3 : 1	2 : 3	3 : 2
李萨如图形	 ∞∞	 ∞∞∞	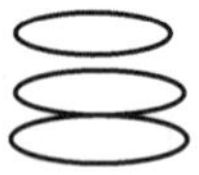 ⬮	 ⧓	 ✕

图 4-15　李萨如图形及对应的频率比

3）同频率两信号之间相角差的测量方法

相角差实际上是一种时间量,只不过是同时输入两个信号。利用 X 轴扫描定时标的方
法,需要采用能同时显现出两个输入信号的双踪（或双线）示波器,将 Y_1、Y_2 之间的相角差折
算为时间量后即可测出。例如,若测得信号周期所占的格子数为 A,两信号的相角差所占的
格子数为 B,则相角差为:

$$\varphi = \frac{B}{A} \cdot 360°$$

若无双踪（或双线）示波器,也可用电子开关和普通示波器配合测量。

用李萨如图形也可以测量相角差。测量时,u_1 接示波器 X 轴输入,u_2 接 Y 轴输入,u_1
与 u_2 相位不同,荧光屏上就会出现不同的图形。在图 4-16 中,u_2 比 u_1 滞后 φ 角,李萨如
图形为一斜椭圆,其中,a 表示在 t_1（u_2 过零）时刻 u_1 的幅值,b 表示在 t_2 时刻 u_1 的峰值,则

$$a = b \sin\varphi$$

即

$$\varphi = \arcsin\left(\frac{a}{b}\right)$$

示波器的 $X\text{-}Y$ 工作方式除了可以用来显示李萨如图形外,还可以用来显示元件的特性
曲线以及状态轨迹等。总之,示波器 $X\text{-}Y$ 工作方式是将两个互相关联的电信号分别从 X 轴
和 Y 轴输入,显示的图形则是这两个信号的合成。

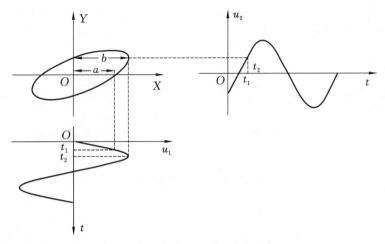

图 4-16　李萨如图形测量相角差

6.示波器的使用注意事项

（1）示波器接通电源后需预热数分钟后再开始使用。

（2）使用过程中，应避免频繁开关电源，以免损坏示波器。暂时不用时，只需将荧光屏的亮度调暗即可。

（3）荧光屏上所显示的亮点或波形的亮度要适当，光点不要长时间停留在某一点上，以免损伤荧光屏。

（4）"共地"问题。

在弱电系统中，为避免外界干扰，大多数电子仪器采用单端输入和单端输出，即输入（输出）的两个端点中，有一个端点与仪器外壳相连，并与输入（输出）电缆线的外层屏蔽线连接在一起。仪器外壳通过带接地线的电源插头与地相通（如图 4-17 中的 BOO′D 通路）。接地处标有"$\perp$"的记号，在接外壳的端点标有"$\perp$"的记号，测量时所有标"$\perp$"记号的点都必须直接连接在一起，即所谓"共地"。因此，单端输入（输出）的测量仪器的两个输入（输出）端是不能互换的，不像使用指针式模拟电压表测交流电压那样，可以互换两个端钮而不影响测量结果。

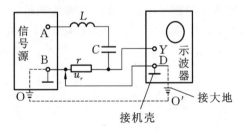

图 4-17　弱电系统的"共地"

测量时，如果没有将示波器的 D 点与信号源的 B 点连接在一起，而将 D 点接到了 C 点，使 B、D 两点通过地短接，如图 4-18 所示，这样，不但测不到所需的信号 u_r，还可能损坏电路中的元器件 r，甚至可能造成信号发生器输出端口直接短路而损坏信号源，如图 4-19 所示。

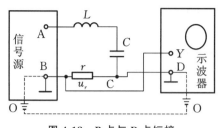

图 4-18　B 点与 D 点短接

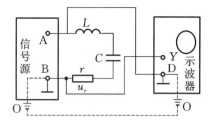

图 4-19　信号发生器输出端口短路

必须指出,有时电路中的等电位点"▽"就是共地点。但有时等电位点并不与地相连,如图 4-20 所示。

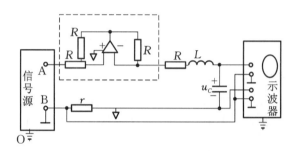

图 4-20　电路中的等电位点不与地相连

有时信号源输出的两个端钮都不与外壳相连通(称为浮地),这种情况下示波器输入的地端可以根据测量的具体情况接到电路中的任意点,如图 4-21 所示。

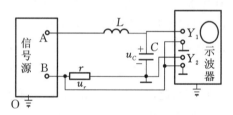

图 4-21　示波器输入的地端可接到任意点

当使用双踪(线)示波器测量时还要注意到 Y_1、Y_2 输入通道各有一端通过机壳相连。需同时观察电路中两个信号时,应将标有"⊥"记号的端钮直接连接在一起,如图 4-22 所示。否则会造成电路局部短路,如图 4-23 所示。

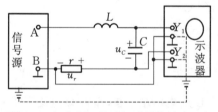

图 4-22　标有"⊥"的端钮直接连接在一起

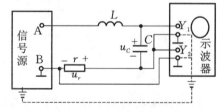

图 4-23　电路局部短路

7. V252 双踪示波器的正确操作

V252 双踪示波器体积小,性能优,可靠性高,操作简便,是一种直观、通用、精密的测量工具,在科学研究、实验、教学、现代工业生产、现代通信、计算机等领域获得了广泛的应用。为了能正确操作该设备,为实验教学服务,现将面板上各旋钮的作用逐一介绍。各旋钮在面板上的位置如图 4-24 所示,可分为五种类型。

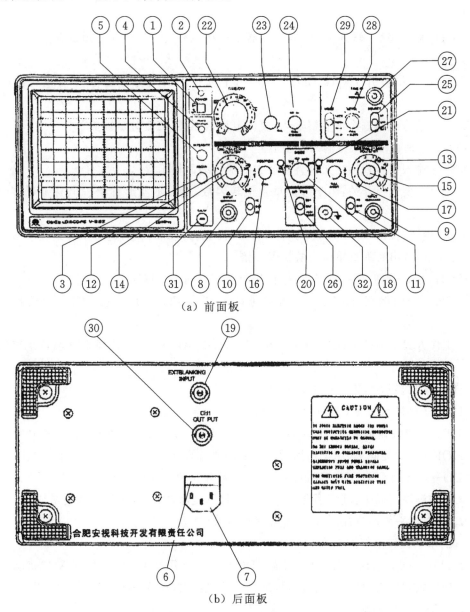

（a）前面板

（b）后面板

图 4-24　V252 示波器面板

一类:电源和示波管系统的控制。

① 电源开关:按进为电源开,弹出为电源断。

② 电源指示灯:电源接通,指示灯亮。

③ 聚焦控制:调节聚焦控制直至扫描线最佳。

④ 基线旋转控制:调节扫描线和水平刻度线平行。

⑤ 辉度控制:调节辉度适当。

⑥ 电源保险丝插座:用于放置整机电源保险丝。

⑦ 电源插座:用于插入电源线插头。

二类:垂直偏转系统控制。

⑧ CH_1 输入:第一输入通道,当示波器工作在 X-Y 状态时,此通道的输入信号变成 X 轴信号。

⑨ CH_2 输入:第二输入通道,示波器工作在 X-Y 状态时,此通道的输入信号变成 Y 轴信号。

⑩、⑪ 输入耦合开关(AC-GND-DC):用于选择输入信号送至垂直轴放大器的耦合方式。

AC——信号经过一个电容器输入,直流分量被隔离,交流分量被显示。

GND——垂直轴放大器输入端接地。

DC——输入信号直接送至垂直轴放大器输入端而显示。

⑫、⑬ 伏/度选择开关:用于选择垂直偏转因数,使显示波形置于一个易于观察的幅度范围。

⑭、⑮ 微调:拉出×5扩展,控制顺时针旋转到底为校准状态,逆时针转到底灵敏度变化范围为2.5倍,拉出时垂直单位增益扩展5倍。

⑯ CH_1 位移旋钮:用手调节 CH_1 信号沿垂直方向上下移动。

⑰ CH_2 位称、倒相、控制:位移功能同 CH_1,当旋钮拉出时,输入 CH_2 的信号极性被倒相。

⑱ 工作方式选择开关(CH_1、CH_2、ALT、CHOP、ADD):用于选择垂直偏转系统的工作方式。

CH_1——只显示加在 CH_1 的信号波形。

CH_2——只显示加在 CH_2 的信号波形。

ALT——交替显示加于 CH、CH_2 上的信号波形,用于扫描时间短的两通道观察。

CHOP——功能同上,用于扫描时间长的两通道观察。

ADD——加到 CH_1、CH_2 通道的信号的代数和在荧光屏上显示。

⑲ 外增辉输入插座:直流耦合加入正常信号辉度降低,加入负信号辉度增加。

⑳、㉑ 直流平衡调节控制:用于直流平衡调节。

三类:水平偏转系统控制。

㉒ TIME/DIV 选择开关:调节扫描时间,X-Y 位置用于示波器工作在 X-Y 状态。

㉓ 扫描微调控制:顺时针旋转至校准位置,扫描因数按 TIME/DIV 指示读出。

四类:触发系统控制。

㉔ 位移开关:用于调节 CH_1 信号和 CH_2 信号沿水平方向左右移动。

㉕ 触发源选择开关:用于选择扫描触发信号源。

内触发(INT)——由加到 CH_1 或 CH_2 的信号作为触发源。

电源触发(LINE)——取电源频率作为触发源。

外触发(EXT)——由加在外触发输入端的信号作为触发源。

㉖ 内触发选择开关:用于选择扫描的内触发源。

CH_1——加在 CH_1 的信号作为内触发源。

CH_2——加在 CH_2 的信号作为内触发源。

VERT MODE(组合方式)——用于同时观察两个波形,同步触发信号交替取自 CH$_1$ 和 CH$_2$。

㉗ 外触发输入插座:用于扫描外触发信号的输入。

㉘ 触发电平控制旋钮:通过调节触发电平来确定扫描波形起始点,亦能控制触发开关的极性。按进为"+"极性,拉出为"-"极性。

㉙ 触发方式选择开关。

自动——本仪器自动触发。

常态——有触发信号产生,获得扫描触发信号,进行扫描;无触发信号产生,不进行扫描。

TV(V)——用于观察电视信号的全场波形。

TV(H)——用于观察电视信号的全行波形。

五类:其他。

㉚ CH$_1$ 输出端:输出 CH$_1$ 通道信号的取样信号。

㉛ 校正 0.5V 端子:输出 1 kHz、0.5 V 校正方波,用于校正探头电容补偿。

㉜ 接地端子。

4.5 直流稳压电源

直流稳压电源是一种输出电压连续可调、稳压与稳流自动转换的高精度直流电源。输出电压从零伏起在额定范围内任意选择,且限流保护点也可任意选择,在稳流状态时,稳流输出电流能在额定范围内连续可调。单路电源为一组输出,三路电源为三组独立输出。三路电源提供了三种工作模式:独立输出、串联输出和并联输出。在前面板的工作模式键可以选择所需要的模式。串联模式可以得到两倍的额定电压,并联模式可以得到两倍的额定电流。该仪器设有输出电压通断开关,在无输出状态时可进行电压/电流值的预设并进行负载的连接,避免有输出时连接负载产生的火花。

1. 面板介绍

三路电源面板图如图 4-25 所示。

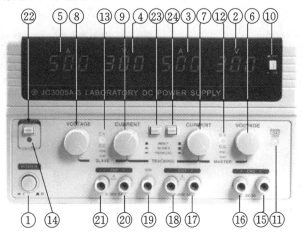

图 4-25 三路电源面板图

① 电源开关。

② CH_1 或 CH_3 电压显示。

③ CH_1 或 CH_3 电流显示。

④ CH_2 电压显示。

⑤ CH_2 电流显示。

⑥ CH_1 输出电压调整，以及串联或并联工作模式下的 CH_2 输出电压的调整。

⑦ CH_1 输出电流调整，以及并联工作模式下的 CH_2 输出电流的调整。

⑧ 独立工作模式下的 CH_2 输出电压的调整。

⑨ 独立工作模式下的 CH_2 输出电流的调整。

⑩ CH_1/CH_3 的电压表与电流表选择开关。

⑪ 过载指示灯，CH_3 输出负载大于额定值时，此灯亮起。

⑫ CH_1 稳压/稳流指示灯，当 CH_1 工作在稳压状态时，该指示灯为绿色，稳流则为红色。

⑬ CH_2 稳压/稳流指示灯，当 CH_2 工作在稳压状态时，该指示灯为绿色，稳流则为红色。

⑭ 预置/输出指示灯，当仪器有输出时，该灯亮，反之不亮。

⑮ CH_3 正输出端。

⑯ CH_3 负输出端。

⑰ CH_1 正输出端。

⑱ CH_1 负输出端。

⑲ 大地与机壳接地端。

⑳ CH_2 正输出端。

㉑ CH_2 负输出端。

㉒预置/输出按钮。

㉓、㉔追踪模式按钮，两个按钮都不按下时为独立状态；左键㉓按下、右键㉔不按为串联模式，此时 CH_1 与 CH_2 的输出电压由 CH_1 控制，CH_1 的输出负自动与 CH_2 输出正连接；两个键都按下时为并联模式，此时 CH_1 输出自动与 CH_2 输出并联，电压与电流由 CH_1 控制，CH_1 与 CH_2 可分别输出或由 CH_1 输出最大为 2 倍的额定电流。

单路电源前面板图如图 4-26、图 4-27 所示。

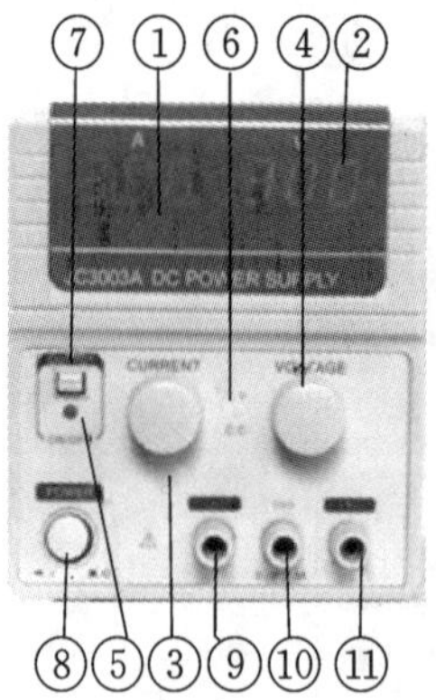

图 4-26　单路电源前面板图一

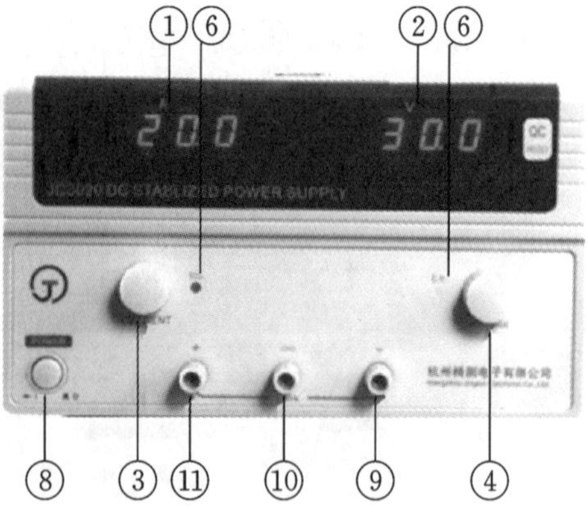

图 4-27　单路电源前面板图二

① 电流显示。

② 电压显示。

③ 输出电流调整。

④ 输出电压调整。

⑤ 预置/输出指示灯,当仪器有输出时,该灯亮,反之不亮。

⑥ 稳压/稳流指示灯,当工作在稳压状态时,该指示灯为绿色,稳流则为红色。

⑦ 预置/输出按钮。

⑧ 电源开关。

⑨ 输出负端"－"(0～10 A)。

⑩ 大地与机壳接地端。

⑪ 输出正端"＋"(0～10 A)。

单路电源后面板图如图 4-28、图 4-29 所示。

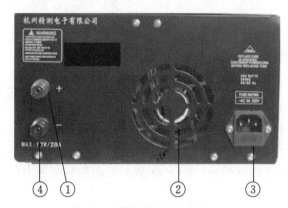

图 4-28 单路电源后面板图一

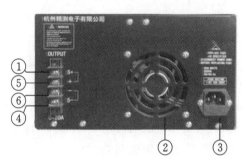

图 4-29 单路电源后面板图二

① 输出"＋"采样端:当负载离仪器较远时,采样导线"＋"极连接端。

② 散热风扇对大功率晶体管进行强制冷却。

③ 电源插座。

④ 输出"－"采样端:当负载离仪器较远时,采样导线"－"极连接端。

⑤ 大电流输出"＋":当输出电流大于 10 A 时从这里输出。

⑥ 大电流输出"－":当输出电流大于 10 A 时从这里输出。

2. 操作说明

1) 使用前注意事项

(1) AC 电源输入。

AC 电源输入应为 220 V±10%,50～60 Hz。

为避免触电事故发生,电源线的接地保护导体必须与大地连接。

(2) 工作环境。

避免在周围温度超过 40 ℃的环境中使用该仪器。为延长仪器的使用寿命,仪器必须置于通风良好的环境中。

(3) 输出电压。

在启动或关闭电源供应器时,输出端的电压不得超过预设的值,以防止产生过冲现象。

2）限流点的设定

（1）首先确定所提供的最大安全电流值。

（2）用测试导线暂时将输出正负极短路。

（3）将 VOLTAGE 控制旋钮从零开始旋转，直至 C.C.灯亮起。

（4）调整 CURRENT 控制按钮到所需的限制电流，并从电流表上读取电流值。

（5）此时，限流点已经设定完毕，请勿再旋转电流控制按钮。

（6）拿掉输出端的短路测试导线，连接恒压源操作。

3）恒压和恒流的特性

该仪器的工作特性为恒电压/恒电流自动交越的形式，即在一固定负载下，当输出电流达到预定值时，可自动将电压稳定性转变为电流稳定性的电源供给行为，反之亦然。而恒电压和恒电流的交点称为交越点。

4）操作模式

（1）独立模式。

CH_1 和 CH_2 电源供应器在额定电流时，分别可提供 0 到额定值的电压输出。在独立模式时，CH_1 和 CH_2 为两组独立的供应电源，可单独或同时使用（单路电源仅一组输出）。

（2）串联追踪模式。

只按下左键，不按右键时，仪器处于串联追踪模式，如图 4-30 所示。

在串联追踪模式时，CH_2 输出端正极自动与 CH_1 的输出端负极连接。而最大输出电压即为 CH_1 和 CH_2 输出电压相互串联所得的电压。此时输出电压的实际值为 CH_1 表头读数的 2 倍，实际电流值可从 CH_1 或 CH_2 电流表头读数得知。图 4-31 所示为正负双电源串联工作模式，并可跟踪调节。

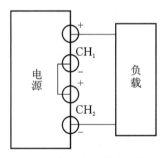

图 4-30 串联追踪模式示意图

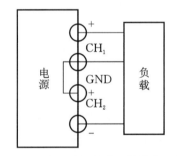

图 4-31 正负双电源串联工作模式示意图

（3）并联追踪模式。

只按下右键，不按左键时，仪器处于并联追踪模式，如图 4-32 所示。

在并联追踪模式时，CH_1 输出端正极和负极分别自动与 CH_2 的输出正极和负极连接，此时 CH_1 电压表显示输出端的实际电压值，实际的输出电流值为 CH_1 电流表与 CH_2 电流表显示读数之和。

（4）CH_3 输出操作。

CH_3 输出可以提供 2.5～5.2 V 的直流电压及 1 A 的电流输出或固定输出 5 V(3 A)；可对 TTL 逻辑线路提供 5 V 的工作电压，非常实用。CH_3 有一过载指示灯，工作时此灯亮起，说明电流已超过最大额定电流，此时输出电压及电流将渐渐减小，以执行保护功能。如果要

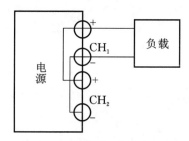

图 4-32　并联追踪模式示意图

恢复 CH_3 输出，必须减轻负载，直到过载指示灯熄灭。

附　录

附录 A　Multisim 14.0 软件的安装

鼠标右击软件压缩包,选择"解压到 Multisim 14.0",见附图 A-1。

附图 A-1　选择"解压到 Multisim 14.0"

打开"Multisim14.0"文件夹,鼠标右击"NI_Circuit_Design_Suite_14_0",选择"以管理员身份运行",见附图 A-2。

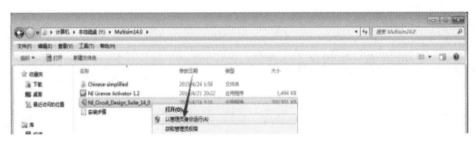

附图 A-2　选择"以管理员身份运行"

点击"确定",见附图 A-3。

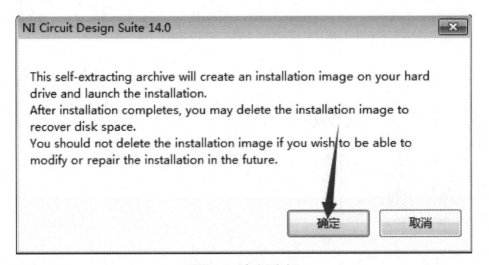

附图 A-3　点击"确定"

选择文件解压路径,默认解压在 C:\National Instruments Downloads\NI Circuit Design Suite\14.0.0(也可自行更改解压路径,安装完成后可删除),然后点击"Unzip",见附图 A-4。

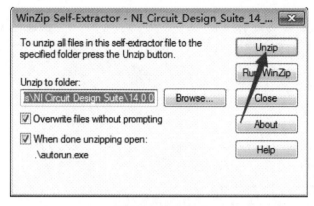

附图 A-4　解压文件

解压完成,点击"确定",弹出软件安装界面,见附图 A-5。

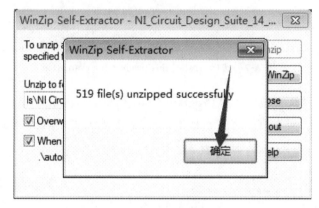

附图 A-5　解压完成

点击"Install NI Circuit Design Suite 14.0",开始软件安装,见附图 A-6。

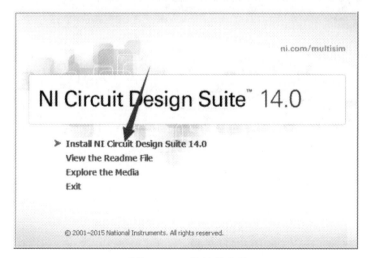

附图 A-6　开始软件安装

选择"Install this product for evaluation",然后点击"Next",见附图 A-7。

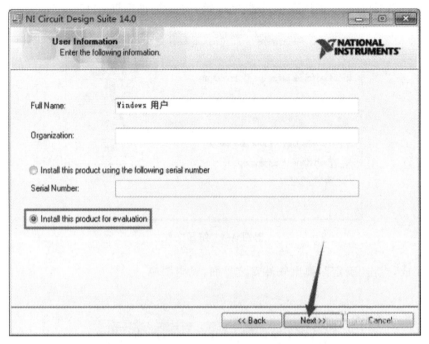

附图 **A-7** 选择"**Install this product for evaluation**"

选择安装目录,默认安装在 C:\Program Files（x86）\National Instruments（建议安装在 C 盘以外的磁盘上,可以直接将 C 改成 Y,安装到 Y 盘）,然后点击"Next",见附图 A-8。

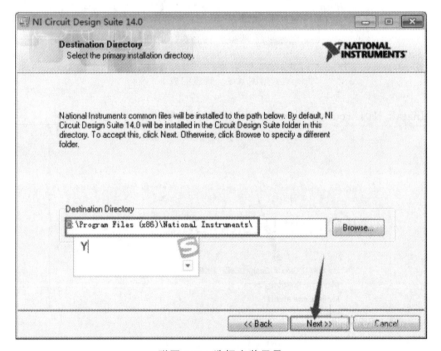

附图 **A-8** 选择安装目录

点击"Next",见附图 A-9。

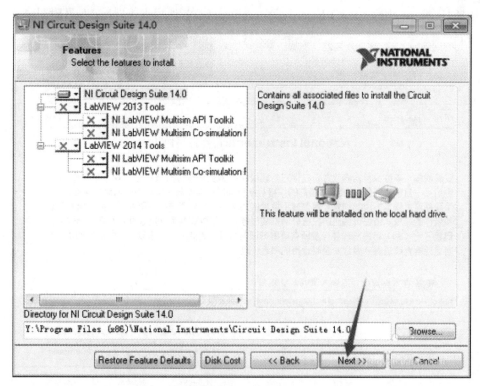

附图 A-9　点击"Next"

将"Search for important messages and..."前面复选框的勾去掉,然后点击"Next",见附图 A-10。

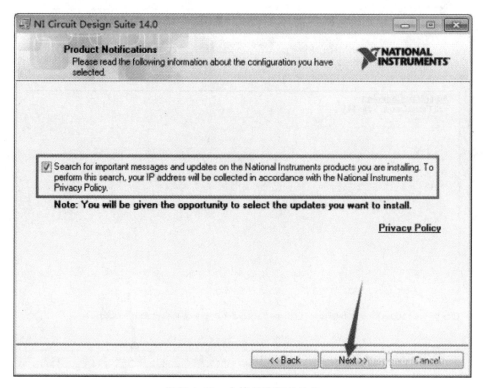

附图 A-10　去掉复选框前的勾

选择"I accept the above 2 License Agreement(s)",然后点击"Next",见附图 A-11。

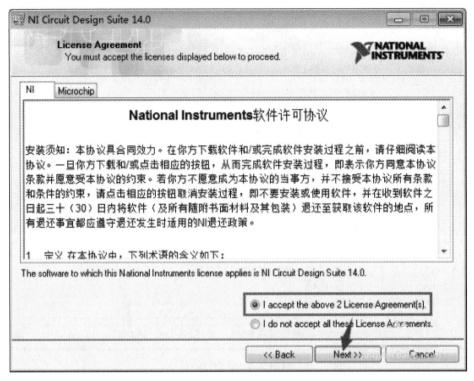

附图 A-11　选择"I accept the above 2 License Agreement(s)"

点击"Next",开始安装,见附图 A-12。

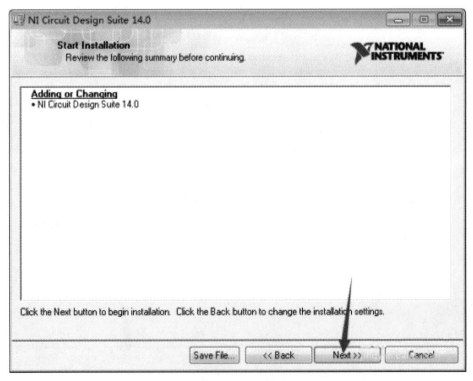

附图 A-12　开始安装

软件安装中,请耐心等待(大约需要 10 分钟),见附图 A-13。

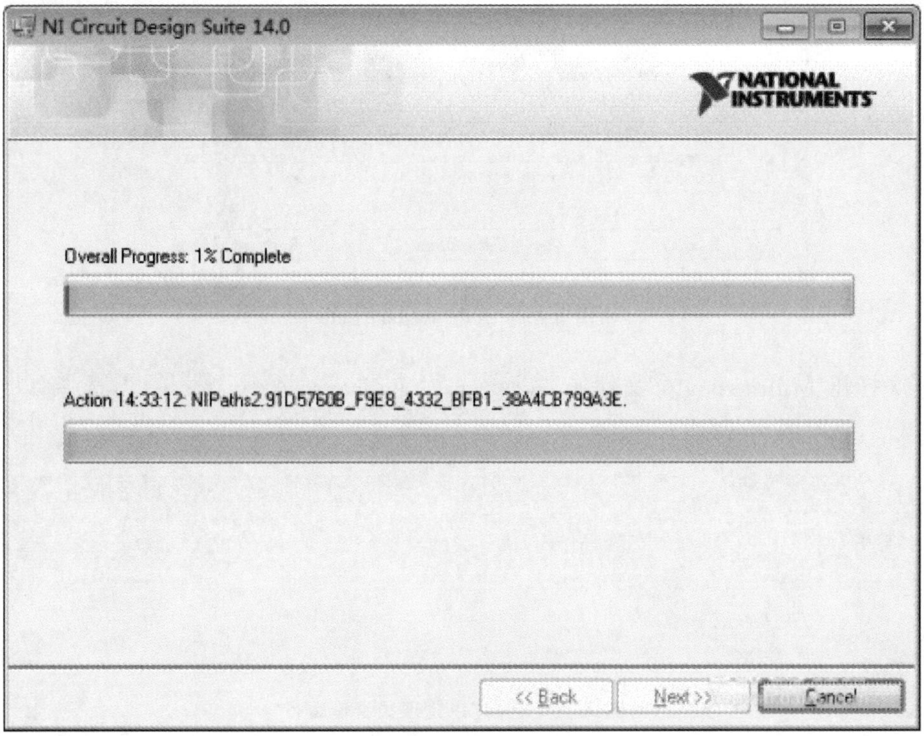

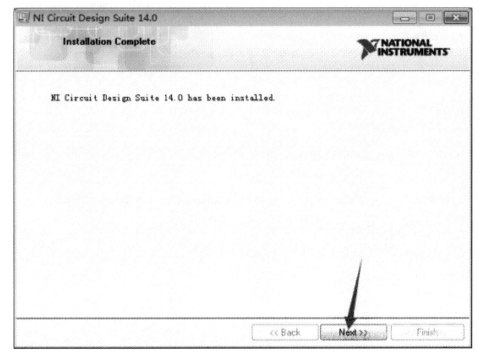

附图 A-13　软件安装中

安装完成,点击"Next",见附图 A-14。

附图 A-14　安装完成

点击"Restart Later",见附图 A-15。

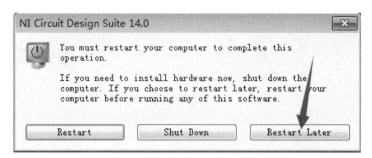

附图 A-15　点击"Restart Later"

再次打开"Multisim14.0"文件夹,鼠标右击"NI License Activator 1.2",选择"以管理员身份运行",见附图 A-16。

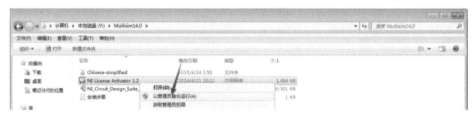

附图 A-16　选择"以管理员身份运行"

鼠标右键点击"Multisim 14.0.0"下的选项"Base Edition",然后点击"Activate..."来激活,见附图 A-17。

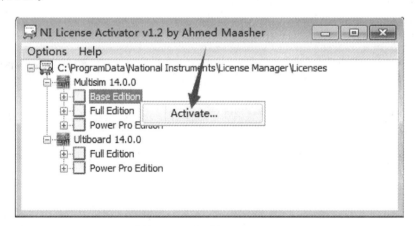

附图 A-17　激活"Base Edition"

鼠标右键点击"Multisim 14.0.0"下的选项"Full Edition",然后点击"Activate..."来激活,见附图 A-18。

鼠标右键点击"Multisim 14.0.0"下的选项"Power Pro Edition",然后点击"Activate..."来激活,见附图 A-19。

鼠标右键点击"Ultiboard 14.0.0"下的选项"Full Edition",然后点击"Activate..."来激活,见附图 A-20。

鼠标右键点击"Ultiboard 14.0.0"下的选项"Power Pro Edition",然后点击"Activate..."

来激活,见附图 A-21。

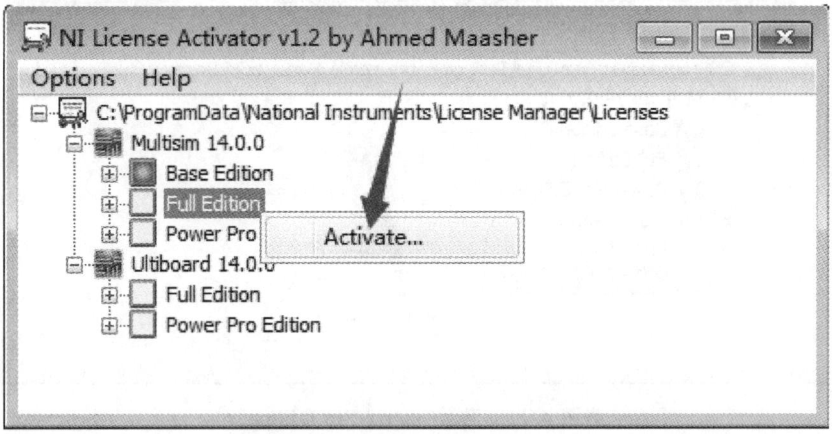

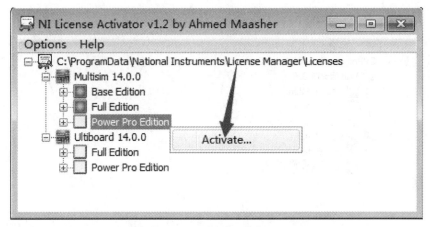

附图 A-18　激活"Full Edition"1

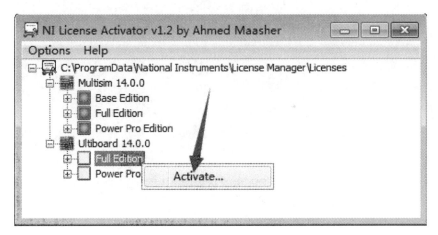

附图 A-19　激活"Power Pro Edition"1

附图 A-20　激活"Full Edition"2

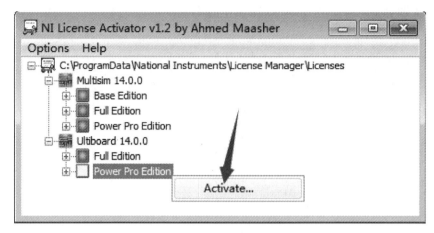

附图 A-21　激活"Power Pro Edition"2

五个框由灰变绿即全部激活,如附图 A-22 所示。

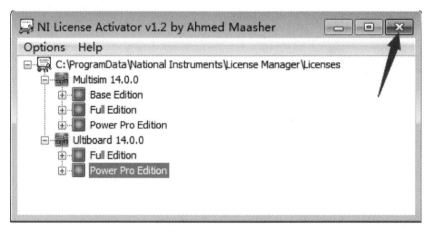

附图 A-22　全部激活

Multisim 14.0 软件的使用

以理想电压源外特性测试电路图(见附图 B-1)为例,用 Multisim 14.0 软件设计仿真电路图。

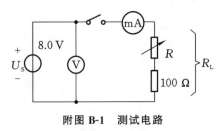

附图 **B-1** 测试电路

打开软件,点击"Place Source",见附图 B-2。

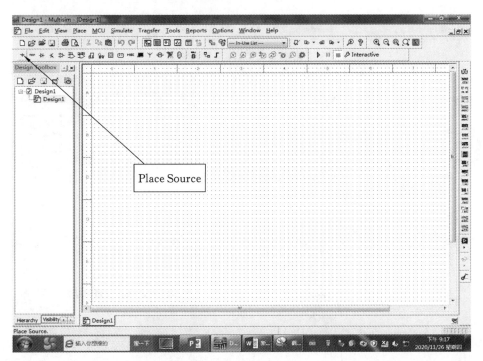

附图 **B-2** 点击"Place Source"

选中"POWER_SOURCES",放置 DC_POWER(电源)、GROUND(接地)等模块,如附图 B-3、附图 B-4 所示。

点击"Place Basic",如附图 B-5 所示,可放置 RESISTOR(电阻)、POTENTIOMETER(可调电阻)、SWITCH(开关)等元器件。

放置电阻元件,如附图 B-6 所示。

在"Group"下选择"Indicators",之后可以选择电压表和电流表等指示器,如附图 B-7 所示。

选择电压表,即选择 VOLTMETER 下的 VOLTMETER_H,VOLTMETER_H 表示电压表横放,如附图 B-8 所示。

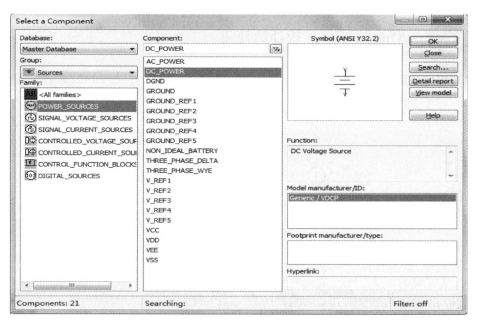

附图 B-3　放置电源模块

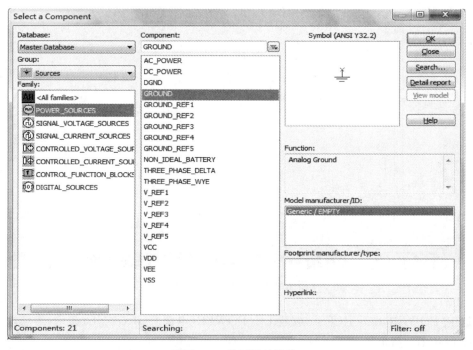

附图 B-4　放置接地模块

选择电流表,即选择 AMMETER 下的 AMMETER_H,AMMETER_H 表示电流表横放,如附图 B-9 所示。

将所有元器件摆放在编辑窗口,直接拖动鼠标连线,可以得到理想电压源外特性测试实验电路仿真图,如附图 B-10 所示。

电路图完成以后,点击运行按钮 run ▶ ,待结果稳定后点击停止按钮 stop ■ ,观察仿真结果。

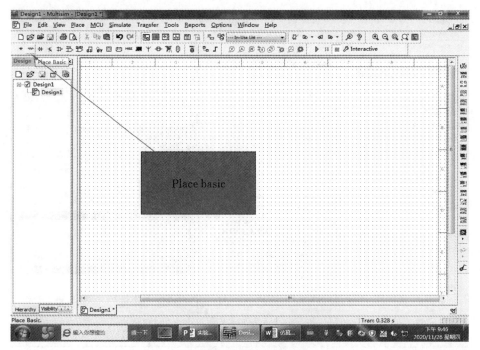

附图 B-5　放置基本元器件

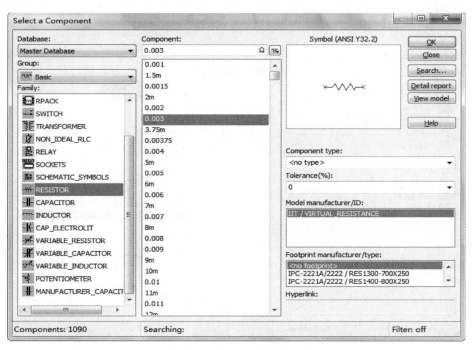

附图 B-6　放置电阻

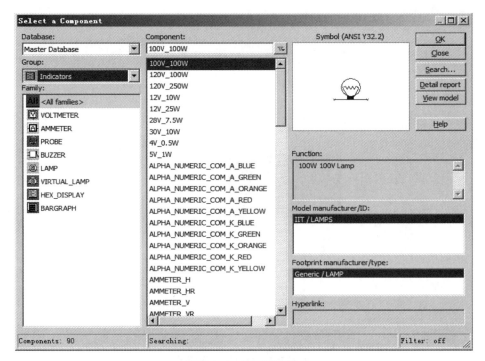

附图 B-7 选择指示器

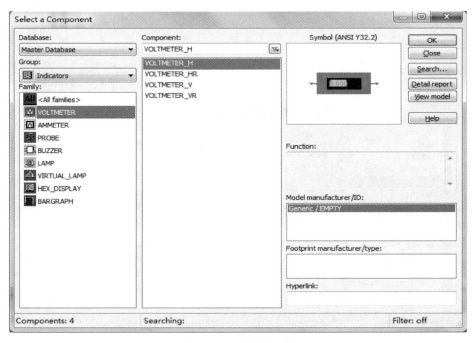

附图 B-8 选择电压表

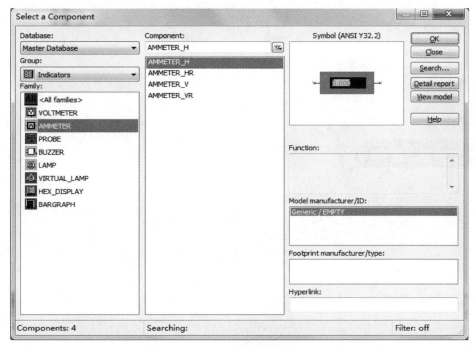

附图 B-9　选择电流表

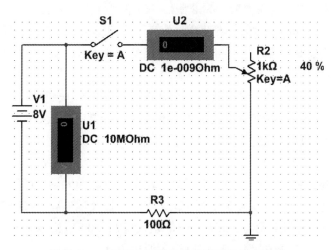

附图 B-10　理想电压源外特性测试仿真电路图

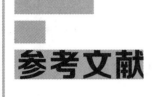

参考文献

[1] 汪健,李承,孙开放等.电路实验[M].2 版.武汉:华中科技大学出版社,2010.

[2] 赵全利,李会萍.Multisim10 电路设计与仿真[M].北京:机械工业出版社,2016.

[3] 沈一骑,孔令红,窦蓉蓉.电路与电工原理研究性实验教程[M].南京:南京大学出版社,2019.

[4] 梁文涛,聂玲,刘兴华.电气设备装调综合训练教程[M].重庆:重庆大学出版社,2017.

[5] 章小宝,陈巍,万彬等.电工电子技术实验教程[M].重庆:重庆大学出版社,2019.

[6] 王宛苹,胡晓萍.电路基础[M].北京:电子工业出版社,2013.

[7] 刘健,刘良成.电路分析[M].3 版.北京:电子工业出版社,2016.

[8] 李莉,申文达.电路测试实验教程[M].北京:北京航空航天大学出版社,2017.

[9] 殷兴光,王月爱.电工仪表与测量[M].武汉:华中科技大学出版社,2017.

[10] 陈晓平,李长杰.电路实验与 Multisim 仿真设计[M].北京:机械工业出版社,2015.

[11] 余佩琼.电路实验与仿真[M].北京:电子工业出版社,2016.